なるほどナットク!

シーケンス制御がわかる本

大浜庄司 …………… 著

Ohmsha

本書に掲載されている会社名、製品名は一般に各社の登録商標または商標です．

本書を発行するにあたって，内容に誤りのないようできる限りの注意を払いましたが，本書の内容を適用した結果生じたこと，また，適用できなかった結果について，著者，出版社とも一切の責任を負いませんのでご了承ください．

本書は，「著作権法」によって，著作権等の権利が保護されている著作物です．本書の複製権・翻訳権・上映権・譲渡権・公衆送信権（送信可能化権を含む）は著作権者が保有しています．本書の全部または一部につき，無断で転載，複写複製，電子的装置への入力等をされると，著作権等の権利侵害となる場合がありますので，ご注意ください．

本書の無断複写は，著作権法上の制限事項を除き，禁じられています．本書の複写複製を希望される場合は，そのつど事前に下記へ連絡して許諾を得てください．

(社)出版者著作権管理機構
(電話 03-3513-6969, FAX 03-3513-6979, e-mail：info@jcopy.or.jp)

JCOPY ＜(社)出版者著作権管理機構 委託出版物＞

■ はじめに

　この本は、シーケンス制御を初めて学習しようと志す人のために、シーケンス制御を基礎から実際までをやさしく解説した**"入門の書"**です。

　産業の自動化・省力化が急速に進められている現在、これに用いられるシーケンス制御技術は、是非とも身につけておかなければならないものとなっています。

　これまでのシーケンス制御技術の習得は、長年にわたる経験の積み重ねと、多くの先輩からの伝承によるところがありました。

　そのため、産業界に入って初めてシーケンス制御に直面し、おおいに戸惑い、難しいものと感じている人も多いのではないかと思います。

　そこで、この本はこれらの悩みを解決するため、テーマ毎、2頁見開きとし、説明文と一体化させたイラスト・図をすべて挿入し**"図解による目で見てわかる"**をモットーとしております。そしてさらに学習の成果を高めるために、次のような工夫をしています。

(1) シーケンス制御に用いる機器については、実物を見たことがない人でも、容易に理解できるように、立体図により内部構造を具体的に示し、機器と電気用図記号とが実感として結びつくようにしてあります。

(2) シーケンス制御の主体をなすボタンスイッチ、電磁リレー、タイマなどの開閉接点を有する機器については、とくにその動作が明確にわかるように、内部の機構的な動きを色別して詳細に示してあるので、自分で操作したのと同じ状態になるようにしてあります。

(3) シーケンス制御回路の機器および配線を、まったく実際と同じように立体的に描いた実体配線図で示すことにより、シーケンス図と実際の配線の方法とが対比できるようにしてあります。

(4) シーケンス制御を、その動作順序に従って、シーケンス動作図として明示する**"スライド方式"**により、その動作が理解できるようになっています。

(5) シーケンス動作図には、動作の順に従って、番号が記載されてあり

ますので、その番号を説明文と対比しながら追っていくことにより、シーケンス動作の順序が速やかに理解できるようになっています。
(6) シーケンス動作図における制御機器の動作により形成される回路は、他と区別するため、色別した矢印で示してありますので、その矢印の回路を順にたどっていけば、自ずから動作した回路が理解できるようになっています。

このように、本書はシーケンス制御について、初歩から納得の行くまで、その学習の親切な道案内の役目を引き受けます。したがって、
(1) 独学で、シーケンス制御を学ぼうとする人の最適の学習書として
(2) 専修学校、工業高校、高専、大学の在学生の副読本として
(3) 新入技術社員の教育用のテキストとして
(4) 企業内の技術研修あるいは講習会のテキストとして

多くの人々に利用していただき、きっとご満足いただけると思います。

この本を学習された後で、姉妹書としてオーム社から発行されている『図解 シーケンス図を学ぶ人のために』『絵ときシーケンス制御活用自由自在』『シーケンス制御読本(実用編)』などをお勧めします。

最後に、この本の執筆にあたり御尽力を賜りましたオーム社出版局の方々に、心から謝意を表すものです。

2004年6月

大浜 庄司

■目　次

1. 制御を知るための電気基礎知識

1 電子の移動を電流という …………………………………2
2 電位の差を電圧という ……………………………………4
3 電気の専用道路を電気回路という ………………………6
4 コイルに電流を流すと電磁石になる ……………………8
5 基本となる"オームの法則" ……………………………10

2. シーケンス制御とはどういうものか

6 身のまわりにあるシーケンス制御 ………………………12
7 シーケンス制御にはこんな種類がある …………………14
8 シーケンス制御からみた懐中電灯 ………………………16
9 動作・復帰、開路・閉路　－用語－／
　　付勢・消勢、寸動・微速　－用語－ ……………………18
10 始動・停止、運転・制御　－用語－／
　　投入・遮断、操作・動力操作　－用語－ ………………20
11 保護・警報、調整・変換　－用語－ ……………………22

3. 制御に用いられる機器のいろいろ

12 シーケンス制御機能とその使用機器／
　　知っておきたい主な制御機器 ……………………………24
13 抵抗器・コンデンサ ………………………………………26
14 タンブラスイッチ・トグルスイッチ ……………………28
15 押しボタンスイッチ・マイクロスイッチ ………………30
16 タイマ・光電スイッチ ……………………………………32

V

17 リミットスイッチ・近接スイッチ …………………34
18 温度スイッチ・サーマルリレー …………………36
19 電磁リレー・配線用遮断器 ………………………38
20 電磁接触器 …………………………………………40
21 電池・変圧器 ………………………………………42
22 表示灯、ベル・ブザー ……………………………44
23 ダイオード・トランジスタ ………………………46
24 電動機 ………………………………………………48

4. 電気用図記号を覚えることからはじめる

25 電気用図記号とはどういうものか ………………50
26 開閉接点の限定図記号 ……………………………52
27 開閉接点の操作機構図記号 ………………………54
28 抵抗器・コンデンサ・コイルの図記号 …………56
29 電磁リレー・電磁接触器・配線用遮断器 ………58
30 電動機・変圧器・電池の図記号 …………………60
31 シーケンス制御記号 ………………………………62
32 スイッチ・開閉器の文字記号 ……………………64
33 制御機器類の文字記号 ……………………………66

5. 知っておきたいシーケンス図の書き方

34 シーケンス図とはどういうものか ………………68
35 シーケンス図の書き方 ……………………………70
36 シーケンス図の縦書き・横書き …………………72
37 シーケンス図の位置の表示方式 …………………74
38 シーケンス図の制御電源母線の表し方 …………76
39 シーケンス図の接続線の表し方 …………………78

40 シーケンス図の機器状態の表し方 …………………80
41 シーケンス図の様式 ………………………………82

6. ON信号・OFF信号をつくる開閉接点

42 "ON信号"・"OFF信号"で制御する …………84
43 押しボタンスイッチのメーク接点の動作 …………86
44 押しボタンスイッチのメーク接点回路 ……………88
45 押しボタンスイッチのブレーク接点の動作 ………90
46 押しボタンスイッチのブレーク接点回路 …………92
47 押しボタンスイッチの切換え接点の動作 …………94
48 押しボタンスイッチの切換え接点回路 ……………96
49 電磁リレーのメーク接点の動作 ……………………98
50 電磁リレーのメーク接点回路 ……………………100
51 電磁リレーのブレーク接点の動作 ………………102
52 電磁リレーのブレーク接点回路 …………………104
53 電磁リレーの切換え接点の動作 …………………106
54 電磁リレーの切換え接点回路 ……………………108
55 電磁リレーの制御機能 ……………………………110

7. 制御の基本となる論理回路

56 「0」信号・「1」信号で制御する論理回路 …112
57 AND回路 －論理積回路－ ……………………114
58 AND回路の動作 …………………………………116
59 OR回路 －論理和回路－ ………………………118
60 OR回路の動作 ……………………………………120
61 NOT回路 －論理否定回路－ …………………122
62 NAND回路 －論理積否定回路－ ……………124

63 NAND回路の動作 …………………………………… 126
64 NOR回路 －論理和否定回路－ …………………… 128
65 NOR回路の動作 …………………………………… 130
66 論理記号の書き方 ………………………………… 132

8. 覚えておくと便利な基本回路

67 禁止回路 …………………………………………… 134
68 禁止回路の動作 …………………………………… 136
69 自己保持回路 ……………………………………… 138
70 自己保持回路の動作 ……………………………… 140
71 インタロック回路 ………………………………… 142
72 インタロック回路の動作 ………………………… 144
73 排他的OR回路 …………………………………… 146
74 排他的OR回路の動作 …………………………… 148
75 一致回路 …………………………………………… 150
76 一致回路の動作 …………………………………… 152
77 順序始動回路 ……………………………………… 154
78 順序始動回路の動作 ……………………………… 156
79 電源側優先回路 …………………………………… 158
80 電源側優先回路の動作 …………………………… 160
81 二ヶ所から操作する回路 ………………………… 162
82 二ヶ所から操作する回路の動作 ………………… 164
83 時間差をつくるタイマ …………………………… 166
84 タイマ回路 ………………………………………… 168
85 タイマ回路の動作 ………………………………… 170
86 遅延動作回路 ……………………………………… 172
87 遅延動作回路の動作 ……………………………… 174

88 一定時間動作回路 ……………………………………176
89 一定時間動作回路の動作 ………………………………178
90 門灯の自動点滅回路 ……………………………………180

9. シーケンス制御の実用回路

91 駐車場の空車・満車表示回路 …………………………182
92 駐車場の空車・満車表示回路の動作 …………………184
93 早押しクイズランプ表示回路 …………………………186
94 早押しクイズランプ表示回路の動作 …………………188
95 スプリンクラ散水回路 …………………………………190
96 スプリンクラ散水回路の動作 …………………………192
97 侵入者警報回路 …………………………………………194
98 侵入者警報回路の動作 …………………………………196
99 電動送風機の始動制御回路 ……………………………198
100 電動送風機の始動制御回路の動作 ……………………200
101 荷上げリフトの自動反転制御回路 ……………………202
102 荷上げリフトの自動反転制御回路の上昇動作 ……204
103 荷上げリフトの自動反転制御回路の下降動作 ……206
104 給水制御回路 ……………………………………………208
105 給水制御回路の下限水位の動作 ………………………210
106 給水制御回路の上限水位の動作 ………………………212

■索引　215

1

制御を知るための
電気基礎知識

1 電子の移動を電流という

電流は自由電子の流れである

- 正の電気をもっている物体Aと負の電気をもっている物体Bとを、1本の銅線でつなぎ合わせたとします。すると、銅線を通って物体Bから物体Aに負の電気（電子）の流れを生じます。
- これは、物体Aは電子が不足している状態であり、物体Bは電子が余っている状態ですから、物体Bの自由電子が銅線を通って、どんどん物体Aの不足電子を補おうとして、いっせいに動き出すからです。このような自由電子の移動を"**電流**"というのです。
- 電気の流れ、つまり電流には方向があります。電子の流れとは逆の方向を、電流の方向といいます。つまり、正の電気の流れる方向を電流の方向と定めています。

電流の大きさの単位をアンペアという

- 電流とは、電子の流れですから、1秒間にどれだけの電子が、その部分を通るかで、電流の大きさを表します。
- 電気の量を測る単位をクーロンといいます。したがって、1秒間に通過する電気の量を電流の単位として、これを"**アンペア**"といい、記号A（Ampere）で表します。そこで、1アンペアの電流が流れるとは、ある電線の切り口を1秒間に1クーロンの電気の量が通ることをいいます。
- 1個の電子のもつ負の電気の量は、1.6×10^{-19}クーロンですから、毎秒1クーロンの電気、つまり1アンペアの電流が流れるためには6.2×10^{18}個（$1/1.6 \times 10^{-19}$）の電子が移動することとなります。

電流とは何かを理解する

正の電気の流れる方向を電流の方向という

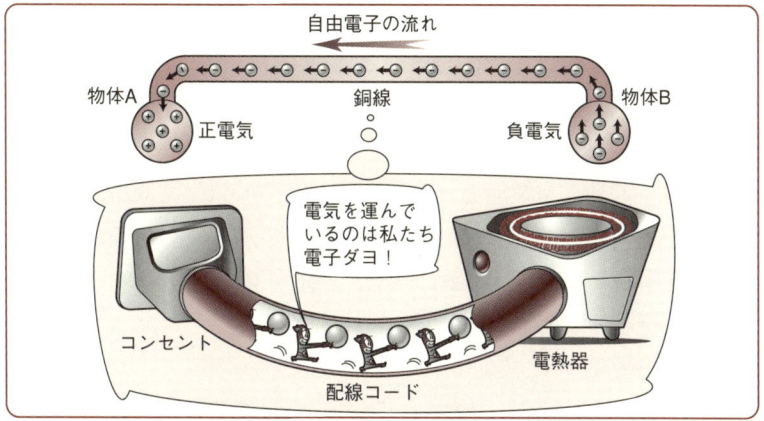

1秒間に流れる電気の量をアンペアという

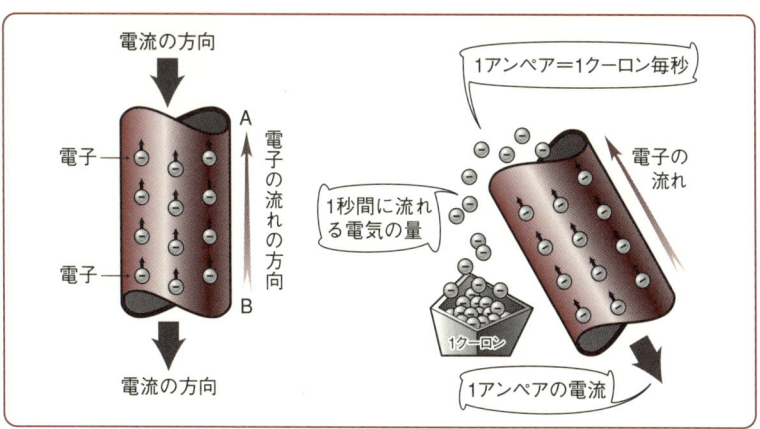

2 電位の差を電圧という

電流は電位の高いところから低いところに流れる

- 電気の流れを水の流れにたとえてみましょう。水槽Aに水を満たすと高い位置にある水は、低い位置にある水よりも位置のエネルギーが大きいため、水位の高い水槽Aから水位の低い水槽Bに向かって、水が流れます。
- 電気の流れである電流も、まったくこれと同じで、この水位に相当するのが"**電位**"であって、A、B両帯電体の間に電位の差があれば、これを電線でつなぐと、電流は電位の高い正の帯電体Aから電位の低い負の帯電体Bの方に流れるというわけです。
- この正の帯電体Aと負の帯電体Bとの間にある電位の差を"**電圧**"といいます。この電流を流そうとする電気の圧力を電圧というのです。

電圧とは大地（アース）との電位差をいう

- 電圧とは、2点間の電位の差をいい、1クーロンの正電気のもつ位置のエネルギーをいいます。電圧を測る単位としては、"**ボルト**"を用い、記号V（Volt）で表します。そして、1クーロンの電気の量が2点間を移動して、1ジュールの仕事をするとき、この2点間の電圧を1ボルトといいます。
- 電圧の基準は、地球つまり大地とし、大地を零ボルトとして、この大地との電位の差を、一般に電圧といっているのです。たとえば、電圧が100ボルトとは、大地つまりアース（接地）に対して、100ボルトの電位差があるといいます。シーケンス制御では、この100ボルトまたは200ボルトの電圧がよく用いられます。

電位の差を電圧という

電圧とは何かを理解する

電流は水の流れと似ている

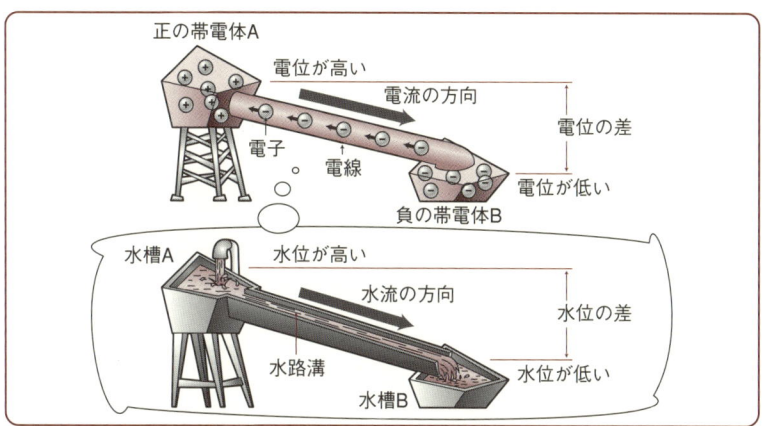

電圧は大地を基準とする　−山の高さは海面が基準−

3 電気の専用道路を電気回路という

電流の通る路を電気回路という

- 乾電池と豆電球およびスイッチを電線につないで、スイッチを閉じると豆電球に電流が流れて、豆電球は明るく点灯します。
- そこで、このときの電気の通る路を調べてみましょう。電流は、乾電池の正極（＋）から出て豆電球を通り、スイッチを通って乾電池の負極（－）に戻ります。そして、乾電池内では負極（－）から正極（＋）に向かって流れますので、電気の通り路にはどこにも切れ目がないことがわかります。このような電気の通る専用道路を"**電気回路**"あるいは、単に"**回路**"といいます。
- シーケンス制御も、この電気の路を区画整理して、目的地に向かえるようにした電気回路といえます。

電気回路は電源、負荷、制御機器、配線からなる

- それでは、電気回路がどのように構成されているかを調べてみましょう。まず、乾電池のように起電力（電気を発生させる力）をもっていて、引き続いて電流を流すもとになるもの、つまり電気を供給する源を"**電源**"といいます。
- また、この電源から電気の供給を受けて、いろいろな仕事をする装置を"**負荷**"といいます。左の図では、豆電球が負荷で電気を光に変える仕事をします。
- スイッチのように、これを操作することによって回路の電流を入り切りしてコントロールする機器を"**制御機器**"といいます。
- そして、電源と負荷および制御機器とを結び、電流の通る路を形づくるものを"**配線**"といい、電線などが用いられます。

電気回路とは何かを理解する

電気回路は電子の高速道路

豆電球の点灯回路 −電気回路−

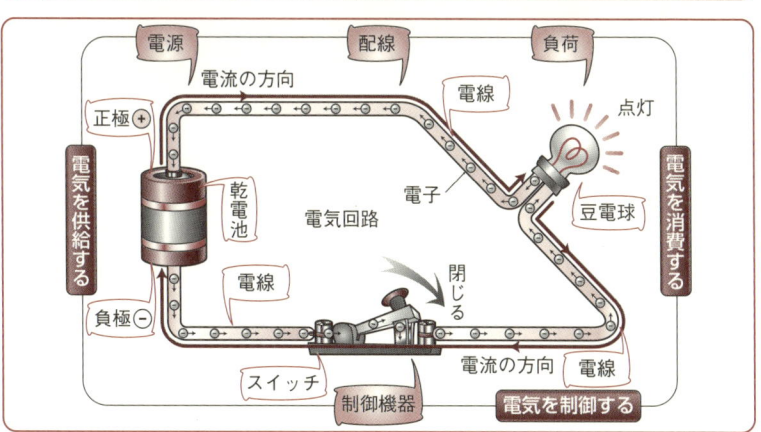

4 コイルに電流を流すと電磁石になる

コイルに電流を流したときだけ磁石になる

- 棒状の鉄片に電線をグルグル巻いて（これを**コイル**という）、スイッチを介して電池につなぎます。そして、スイッチを閉じると、コイルに電流が流れ、鉄の棒は磁石になり鉄片を吸引（きゅういん）するようになります。これをコイルを"**励磁（れいじ）する**"といいます。
- 次にスイッチを開くと、コイルに電流が流れなくなりますから、鉄の棒は磁石の性質を失い、鉄片を吸引しなくなります。これをコイルを"**消磁（しょうじ）する**"といいます。
- このように、コイルに電流を流すことによってできる磁石を、一般に"**電磁石（でんじしゃく）**"といいます。この電磁石は、電磁リレー、電磁接触器、ベル、ブザーなどの制御用機器に多く用いられています。

"右ねじの法則"とは

- 棒状の鉄片にコイルを巻いた電磁石において、磁極つまりN極およびS極の生じ方は、コイルに流れる電流の方向によって変わります。この電流の方向と磁極（N極）のできる向きとの関係は、"**右ねじの法則**"で知ることができます。
- 右ねじの法則とは、"コイルに流れる電流の方向に、右ねじを回す向きを合わせると、右ねじの進む方向がN極のできる方向になる"ということです。
- この法則は、コイルに電流が流れるときに、N極のできる方向（当然、コイルの反対側にはS極ができる）を、簡単に知ることができるので、非常に便利です。ぜひ覚えておきましょう。

電磁石とは何かを理解する

電磁石のつくり方 －電流の磁気作用－

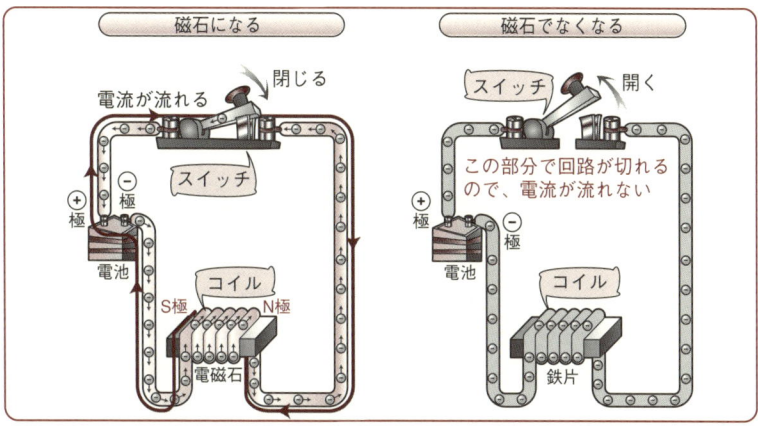

電流の方向に"右ねじ"を回すと進む方向がN極となる

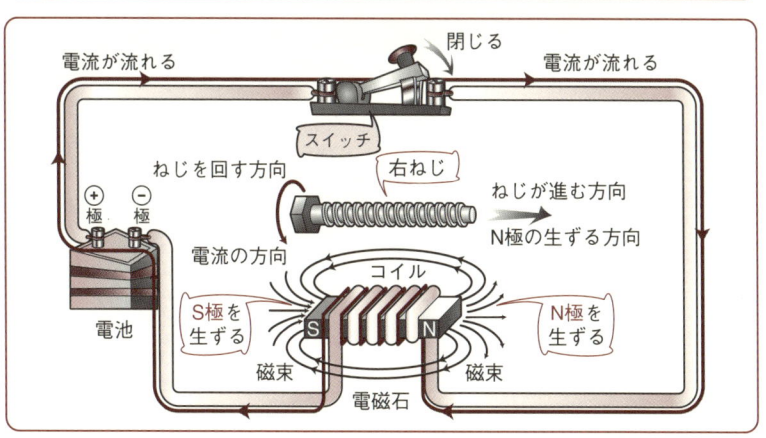

5 基本となる"オームの法則"

電流・電圧・抵抗の関係 －オームの法則－

■電気回路における電圧・電流・抵抗の三つの間については、ドイツの物理学者オーム（Georg Simon Ohm 1787～1857年）によって実験的に、次のような関係が確かめられました。

> **オームの法則**
> ●電気回路に流れる電流は
> 　電圧に正比例し
> 　抵抗に反比例する

■この性質は、オームの名をとって"**オームの法則**"といいます。シーケンス制御を学ぶには、ぜひ知っておかねばならない法則といえます。

オームの法則の関係式

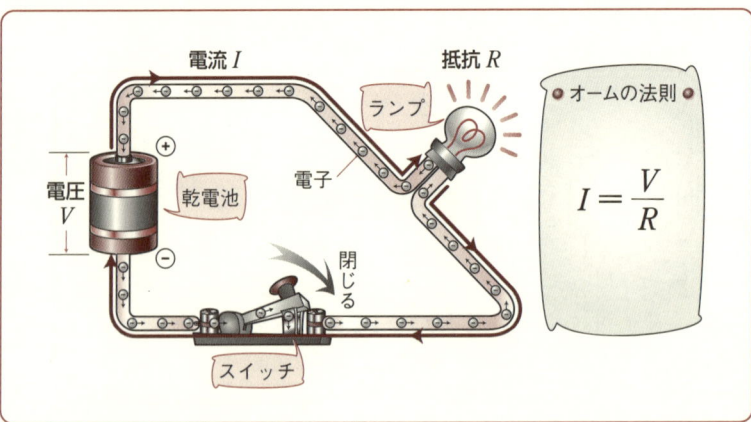

2

シーケンス制御とはどういうものか

6 身のまわりにあるシーケンス制御

シーケンス制御ってなあに

- "**シーケンス**って、ご存知ですか？"そういう言葉は聞いたことがありますが、詳しいことになりますとわからないですって？　シーケンスとは"**現象が起こる順序**"をいうのです。
- そこで、**シーケンス制御**とはどういうものかといいますと、次の段階で行うべき制御動作があらかじめ定められていて、前段階における制御動作を完了した後、あるいは動作後一定時間を経過した後に、次の動作に移行する制御をいいます。そしてまた、制御結果に応じて、次に行うべき動作を選定し、次の段階に移行する場合などを組み合わせた制御をいいます。最初から少々難しい表現になってしまいましたが、ご理解いただけたでしょうか。

こんなところに用いられているシーケンス制御

- シーケンス制御とは、いいかえれば機器や設備に行わせる各動作と順序、さらに故障の際の処置などを制御装置に組み込んでおいて、制御装置から出される各命令信号にしたがって、運転を進める制御をいいます。
- 私たちは何気なしに毎日行動していますが、こんなところにもと思われるところに、シーケンス制御が用いられていることがわかります。
- たとえば、家庭の中を見ると、シーケンス制御は電気洗濯機、電気冷蔵庫から電気掃除機、冷暖房エアコンなどに用いられています。また、街角にある飲食品の自動販売機、駅の券売機などに用いられています。事務所では、扉の前に行けば自動的に開く扉、手を差し出せば水が出る蛇口などにシーケンス制御が用いられています。

身のまわりにあるシーケンス制御

家庭で見られるシーケンス制御

居間　－家庭用電化製品［例］－

キッチン

書斎

7 シーケンス制御にはこんな種類がある

リレーシーケンス制御

■シーケンス制御は使用される論理素子により、**リレーシーケンス制御**、**無接点シーケンス制御**、**ロジックシーケンス制御**があります。

■リレーシーケンス制御とは、論理素子として、機械的接点をもつ電磁リレーによって構成される制御をいいます。電磁リレーとは、電磁コイルを励磁すると、接点が開または閉じ、消磁すると逆の動作をするものをいいます（6章で詳しく説明しています）。

■リレーシーケンス制御の特徴は何かというと、開閉負荷容量が大きい、過負荷耐量が大きい、電気的ノイズに対して安定である、温度特性が良好である、動作状態の確認が容易である、などがあります。本書ではリレーシーケンス制御について説明していきます。

無接点シーケンス制御・ロジックシーケンス制御

■無接点シーケンス制御とは、論理素子として、半導体スイッチング素子によって構成される制御をいいます。半導体スイッチング素子には、ダイオード、トランジスタ、IC（集積回路）などがあります。

■無接点シーケンス制御の特徴は何かというと、動作速度が速い、高頻度使用に耐える、寿命が長い、装置の小形化が可能である、などがあります。

■ロジックシーケンス制御とは、"**論理**"つまり"筋道の通った考え方"という意味で、"**論理回路**"によって構成される制御をいいます。論理回路とは、構成されている回路を論理的に分解していった場合の最小単位である基本回路をいいます（7章で詳しく説明しています）。

シーケンス制御にはこんな種類がある

シーケンス制御を構成する素子 －回路例－

リレーシーケンス制御を構成する電磁リレー

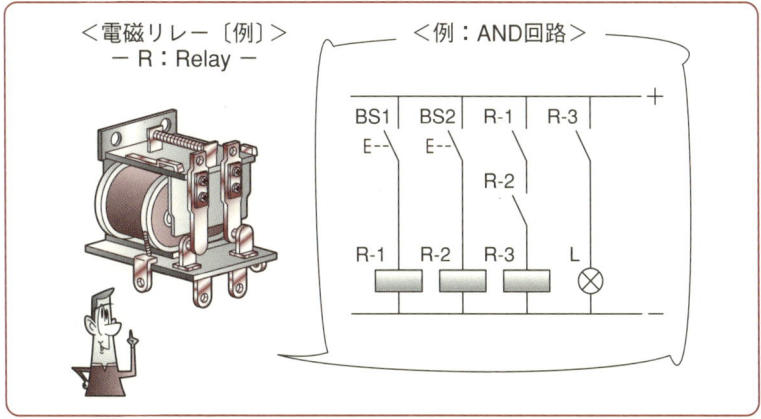

ロジックシーケンス制御を構成する論理素子

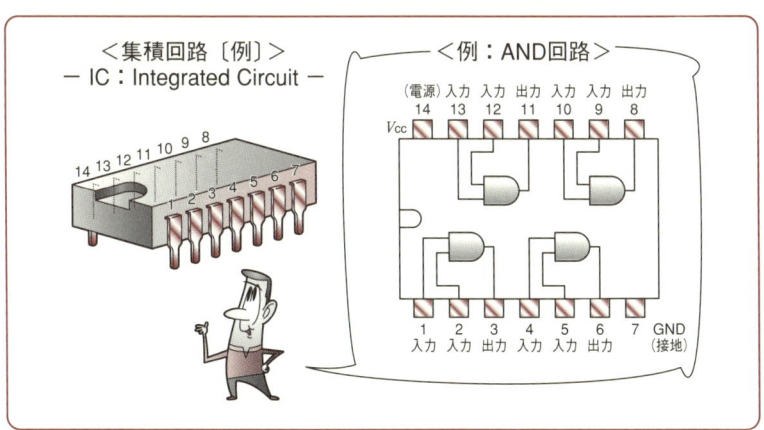

8 シーケンス制御からみた懐中電灯

懐中電灯は制御対象（負荷）・制御機構・配線・電源からなる

■私たちの身のまわりにある電気器具、設備を制御しているシーケンス制御回路は、外観からでは見ることができないのが普通です。そこで、どこの家にでも1つはあるであろう懐中電灯を例として、シーケンス制御とはどういうものかを説明しましょう。

■まず、"**制御目的**"ですが、"暗いところを明るくする"が懐中電灯の制御の目的です。では、懐中電灯の前後のキャップを外してみましょう。前のキャップに豆ランプがありますね。この豆ランプが"**制御対象（負荷）**"です。筒形ケースにスイッチが付いていますね。このスイッチが"**制御機構**"です。そして筒形ケースの前後のキャップとスプリングが"**配線**"です。乾電池2個が"**電源**（直流電源）"となります。

懐中電灯に"ON信号"・"OFF信号"を入れる　－点灯・消灯－

■懐中電灯に"ON信号"を入れる　－点灯する－
- 懐中電灯を手で握って、親指でスイッチ操作部のレバーを前方に押し入れると、金具Eと金具Fが接触し回路を閉じるので、電池の（＋）極から豆ランプ、筒形ケース、キャップ、スプリングを通って、電池の（－）極へと電流が流れ、豆ランプは点灯します。

■懐中電灯に"OFF信号"を入れる　－消灯する－
- 懐中電灯のスイッチを後方に引くと、金具Eと金具Fが離れて、回路を開くので、豆ランプに電流が流れず、消灯します。

■スイッチの入動作が完了すると豆ランプが点灯し、切動作が完了すると消灯するように、あらかじめ定めた制御がシーケンス制御です。

シーケンス制御からみた懐中電灯

懐中電灯のしくみとシーケンス動作

懐中電灯の構造［例］ －内部構造図－

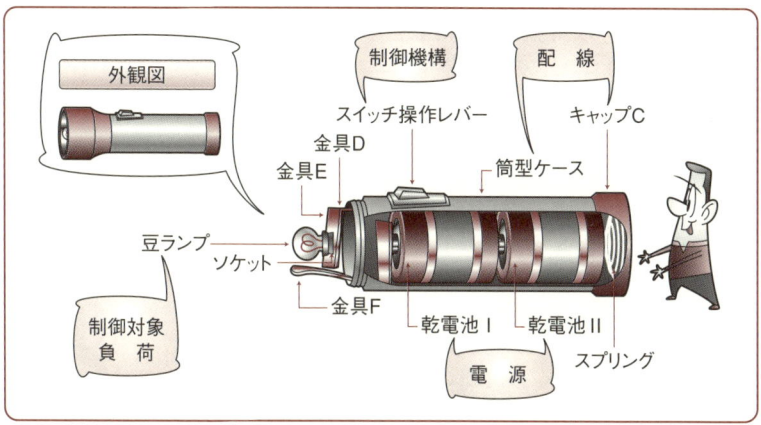

"ON信号"を入れる －点灯－

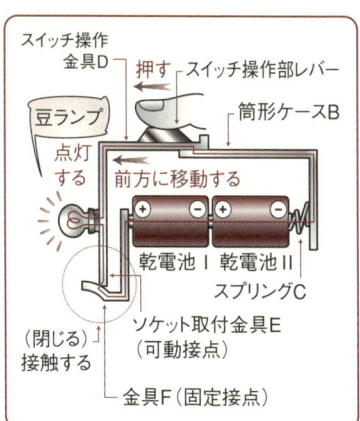

"OFF信号"を入れる －消灯－

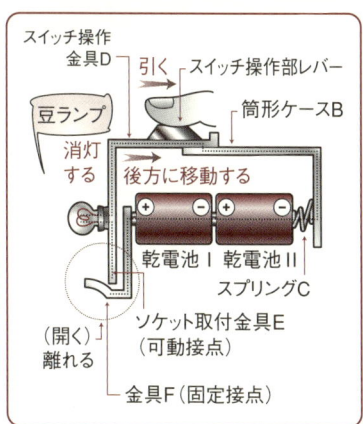

9 動作・復帰、開路・閉路 —用語—

動作 —Actuation—

■動作とは、ある原因を与えることによって、所定の作用を行うことをいいます。

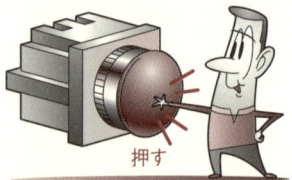

押しボタンスイッチの動作

押す

復帰 —Resetting—

■復帰とは、動作以前の状態に戻すことをいいます。

押しボタンスイッチの復帰

もとに戻す

開路（切）—Open (off)—

■開路とは、電気回路の一部をスイッチ、リレーなどで「開く」ことをいいます。

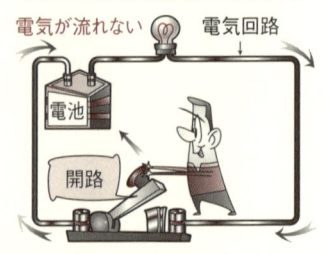

ナイフスイッチによる開路

電気が流れない　電気回路

電池

開路

閉路（入）—Close (on)—

■閉路とは、電気回路の一部をスイッチ、リレーなどで「閉じる」ことをいいます。

ナイフスイッチによる閉路

電気が流れる　電気回路

電池

閉路

付勢・消勢、寸動・微速 －用語－

付勢

■付勢とは、たとえば電磁リレーのコイルに電流を流し、励磁することをいいます。

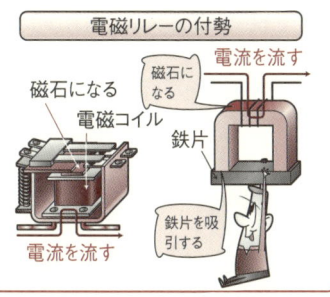

消勢

■消勢とは、たとえば電磁リレーのコイルに流れている電流を切り、消磁することをいいます。

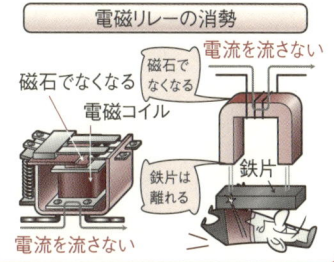

寸動 －Inching－

■寸動とは、機械の微小運動を得るために、微小時間の操作を1回または繰り返し行うことをいいます。

微速 －Crawling－

■微速とは、機械を極めて低速度で運転することをいいます。

10 始動・停止、運転・制動 －用語－

始動 －Start－

■始動とは、機器または装置を休止状態から運転状態にする過程をいいます。

電動機の始動

停止 －Stop－

■停止とは、機器または装置を運転状態から休止状態にすることをいいます。

電動機の停止

運転 －Run－

■運転とは、機器または装置が所定の作用を行っている状態をいいます。

電動機の運転

制動 －Braking－

■制動とは、機器の運動エネルギーを電気的または機械的エネルギーに転換して、機器を減速・停止、或いは状態の変化を抑制することをいいます。

電動機の制動

投入・遮断、操作・動力操作 －用語－

投入 －Closing－

■投入とは、開閉器類を操作して、電気回路を閉じ、電流が通る状態にすることをいいます。たとえば、遮断器を「投入する」

真空遮断器の投入

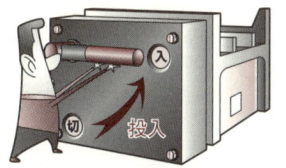

遮断 －Breaking－

■遮断とは、開閉器類を操作して、電気回路を「開」いて、電気が通らない状態にすることをいいます。たとえば、遮断器を「遮断する」

真空遮断器の遮断

操作 －Operating－

■操作とは、入力またはその他の方法によって所定の運動を行わせることをいいます。

トグルスイッチの操作

動力操作 －Power Operating－

■動力操作とは、機器を電気、スプリング、空気などの人力以外の動力によって操作することをいいます。

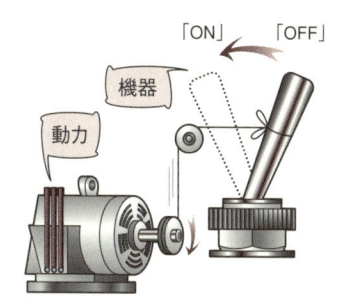

11 保護・警報、調整・変換 —用語—

保護 —Protect—

■保護とは、被制御対象の異常状態を検出し、機器の損傷を防ぎ、被害の軽減を図り、その波及を阻止することをいいます。

警報 —Alarm—

■警報とは、あらかじめ定めた状態になったとき、それについて注意を促すために信号を発すること、またはその信号をいいます。

調整 —Adjustment—

■調整とは、量または状態を一定に保つか、あるいは一定の基準に従って変化させることをいいます。

変換 —Converting—

■変換とは、情報またはエネルギーの形態を変えることをいいます。

3

制御に用いられる機器のいろいろ

12 シーケンス制御機能とその使用機器

電源用機器

■電源用機器とは、シーケンス制御回路に電力を供給する機器をいう。

〈例〉
- 直流電源
  電池、蓄電池
- 交流電源
  変圧器

電力供給

命令用機器

■命令用機器とは、シーケンス制御回路の制御系に、外部から始動・停止などの入力信号を与える機器をいう。

〈例〉
- 押しボタンスイッチ
- マイクロスイッチ
- タンブラスイッチ
- トグルスイッチ
- カムスイッチ
- ロータリスイッチ
- フットスイッチ

命令信号

基礎受動部品

■基礎受動部品とは、機器を構成するための要素機能をもつ部品をいう。

〈例〉
- 抵抗器
- コンデンサ
- コイル

構成部品

シーケンス制御機能とその使用機器／知っておきたい主な制御機器

知っておきたい主な制御機器

操作用機器

■操作用機器とは、命令用機器からの信号を受けて、直接制御対象（負荷）を駆動する機器をいう。

＜例＞
・電磁リレー
・電磁接触器
・電磁開閉器
・配線用遮断器

これが電磁接触器です

↓ 検出信号

検出用機器

■検出用機器とは、制御対象（負荷）があらかじめ設定した条件で動作しているかを検出する機器をいいます。

＜例＞
・タイマ
・リミットスイッチ

検出信号

警報・表示機器

■警報・表示機器とは、制御対象（負荷）の状態や異常を操作者に警報・表示する機器をいう。

＜例＞
・表示灯
・ベル、ブザー

駆動信号 　　　　　　　　　異常

制御対象（負荷）

■制御対象(負荷)とは、シーケンス制御の対象となる機器、設備などをいい、負荷ともいう。

＜例＞
・電動機　　・ポンプ
・電熱器　　・送風機

25

13 抵抗器・コンデンサ

抵抗器は電流を制限する －炭素皮膜抵抗器－

- **抵抗器**とは、回路に流れる電流を制限したり、調整したりするために、電気抵抗を得る目的でつくられた機器をいいます。
- **炭素皮膜(ひまく)抵抗器**とは、磁器棒の表面に高温度、高真空の中で、熱分解により密着固定させた純粋な炭素皮膜を抵抗体として、その磁器棒の両端にはキャップとの接触をよくするための銀皮膜を付けます。そして、炭素皮膜には、ラセン状に溝を切って、所要の抵抗値を得た後、両端をリード線の付いたキャップで固定したものをいいます。
- 炭素皮膜抵抗器は、単に"**カーボン抵抗器**"ともいい、抵抗値が豊富であることから一般に半導体素子とともに、プリント配線基板などに実装して使用されます。

コンデンサは電荷を蓄える －紙コンデンサ－

- **コンデンサ**とは、誘電体(ゆうでんたい)（絶縁物のことをいう）を金属導体で挟(はさ)んで、電荷を蓄える性質をもたせるようにした機器をいいます。
- **紙コンデンサ**とは、コンデンサペーパという薄い紙とアルミ箔(はく)とを重ね合わせて巻き込み、乾燥してから絶縁物を含浸(がんしん)し、ケースに収納したものをいいます。コンデンサペーパと金属箔とを重ね合わせて巻き込むと、コンデンサペーパは誘電体、金属箔は電極板の働きをします。
- コンデンサの用途は、①直流を通じコンデンサの電極間で電荷を蓄える、②直流信号に重ねられた交流信号から交流信号だけを伝達する、③回路間の交流電流分だけを伝達する、④電磁リレー接点から発する火花を消去するためのスパークキラーなどに用いられます。

抵抗器・コンデンサの外観・構造

炭素皮膜抵抗器 －Resister－

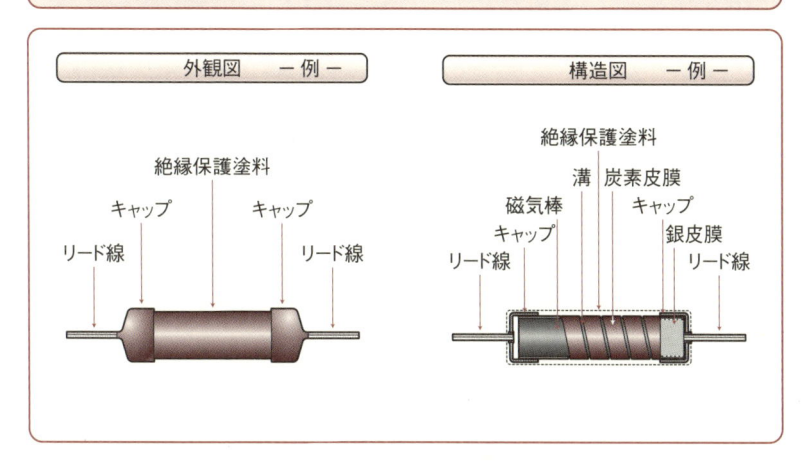

外観図 －例－

- 絶縁保護塗料
- キャップ
- キャップ
- リード線
- リード線

構造図 －例－

- 絶縁保護塗料
- 溝
- 炭素皮膜
- 磁気棒
- キャップ
- キャップ
- 銀皮膜
- リード線
- リード線

紙コンデンサ －Capacitor－

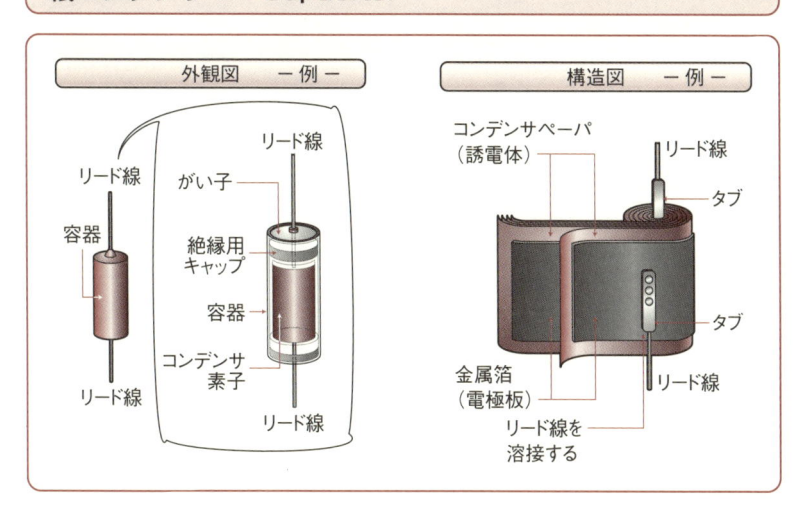

外観図 －例－

- リード線
- リード線
- がい子
- 容器
- 絶縁用キャップ
- 容器
- コンデンサ素子
- リード線
- リード線

構造図 －例－

- コンデンサペーパ（誘電体）
- リード線
- タブ
- タブ
- 金属箔（電極板）
- リード線
- リード線を溶接する

14 タンブラスイッチ・トグルスイッチ

タンブラスイッチはハンドルにより開閉・切換え動作をする

- **スイッチ**とは、電気回路の開閉または接続の変更を行う機器をいい、一般に、スイッチという言葉は命令用および検出用の接点機構を指し、"**命令用スイッチ**"と"**検出用スイッチ**"に大別されます。
- 命令用スイッチとは、人が操作して作業命令を与えたり、命令処理の方法を変更したりするスイッチをいいます。
- 検出用スイッチとは、制御対象の状態を検出するためのスイッチで、予定の動作条件に達したときに動作するスイッチをいいます。
- **タンブラスイッチ**とは、操作者が指先で波動形ハンドルを押すと、ばね機構をもった接点部によって電気回路の開閉、切換え動作を行い、指先を離しても、動作状態を保持する命令用スイッチをいいます。

トグルスイッチはレバーを引くと切換え動作をする

- **トグルスイッチ**とは、操作者が指先でバット状のレバーを直線的に往復運動させて、これを機械的に接点部に伝え、電気回路の開閉動作を命令するスイッチをいいます。
- トグルスイッチは、二つの信号を一方から他方に切り換える命令スイッチとしてよく用いられます。"**手動**"、"**自動**"の切換えなどはその例です。
- トグルスイッチのレバーを指先で前後しますと、レバーの動きは取り付けねじを中軸として、滑動棒が動き、クランクの中央を軸として、接点の切換えを行います。操作者がレバーから指先を離しても、接点はそのままの状態で保持されます。

タンブラスイッチ・トグルスイッチの外観・構造

タンブラスイッチ －Tumbler Switch－

外観図 －例－

- 波動形ハンドル
- 押す
- 可動接点端子
- 下側固定接点端子
- 上側固定接点端子

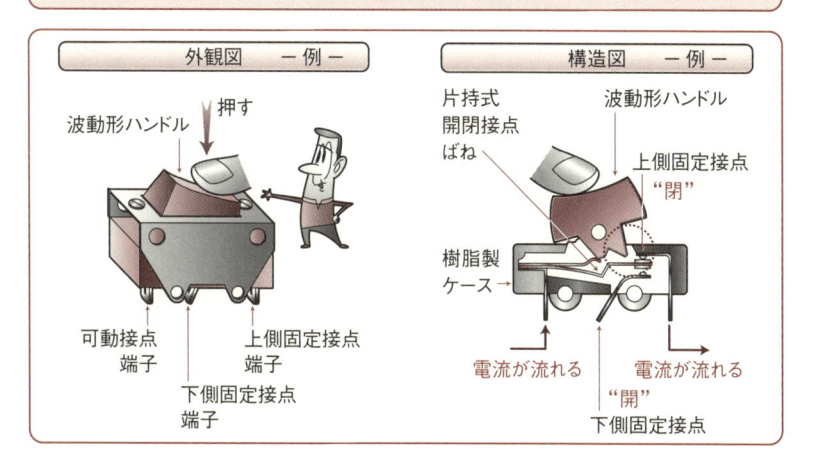

構造図 －例－

- 片持式開閉接点ばね
- 波動形ハンドル
- 上側固定接点 "閉"
- 樹脂製ケース
- 電流が流れる
- 電流が流れる
- "開" 下側固定接点

トグルスイッチ －Toggle Switch－

外観図 －例－

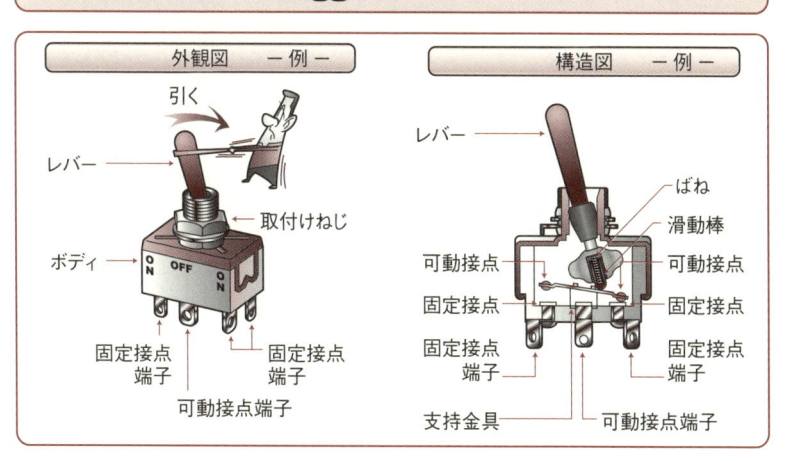

- 引く
- レバー
- 取付けねじ
- ボディ
- 固定接点端子
- 固定接点端子
- 可動接点端子

構造図 －例－

- レバー
- ばね
- 滑動棒
- 可動接点
- 可動接点
- 固定接点
- 固定接点
- 固定接点端子
- 固定接点端子
- 支持金具
- 可動接点端子

15 押しボタンスイッチ・マイクロスイッチ

押しボタンスイッチは押すと開閉動作をする

■**押しボタンスイッチ**は、操作者が直接、指でボタンを押すことによって、接点が開閉動作をすることから、電気回路を開閉する命令用スイッチとして用いられます。

■押しボタンスイッチは、設備・機器の制御において、"**始動**"・"**停止**"の信号を得るのに適しています。

■押しボタンスイッチは、直接、指によって操作される"**ボタン機構部**"と、ボタン機構部から受けた力によって電気回路を開閉する"**接点機構部**"から構成されています。押しボタンスイッチは、操作するときは手動で行いますが、手を離すとばねの力で自動的にもとの状態に戻りますので、これを"**手動操作自動復帰**"といいます。

マイクロスイッチは小形の割に大きな電流を開閉できる

■**マイクロスイッチ**とは、微小接点間隔とスナップアクション機構をもち、定められた動きと、規定された力で開閉動作する接点機構がケースで覆われ、その外部にアクチュエータを備え、小形に作られた検出用スイッチをいいます。

■マイクロスイッチのピンプランジャを押すと、ピンプランジャは下方に移動して、作動ばねを下に押し曲げます。そこで、ピンプランジャがある位置まで押し下げられると、可動接点は上側固定接点から瞬時に反転し、下側固定接点に移動します。

■このように、可動接点が瞬間的に反転して動作することを"**スナップアクション**"といい、この動作により電流を瞬時に開閉できます。

押しボタンスイッチ・マイクロスイッチの外観・構造

押しボタンスイッチ －Push button Switch－

外観図 －例－

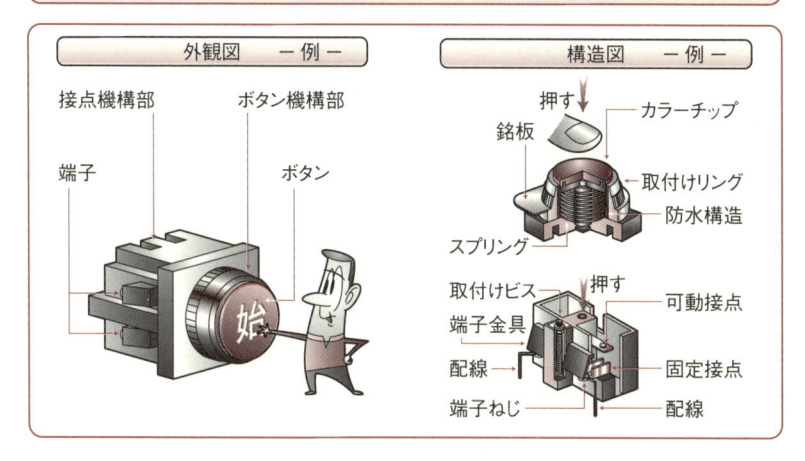

- 接点機構部
- ボタン機構部
- 端子
- ボタン

構造図 －例－

- 押す
- カラーチップ
- 銘板
- 取付けリング
- 防水構造
- スプリング
- 取付けビス
- 押す
- 可動接点
- 端子金具
- 配線
- 固定接点
- 端子ねじ
- 配線

マイクロスイッチ －Micro Switch－

外観図 －例－

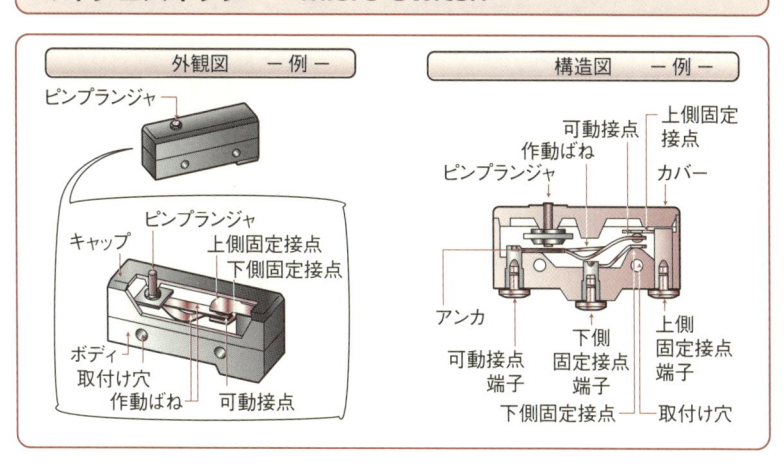

- ピンプランジャ
- キャップ
- ピンプランジャ
- 上側固定接点
- 下側固定接点
- ボディ
- 取付け穴
- 作動ばね
- 可動接点

構造図 －例－

- 可動接点
- 上側固定接点
- 作動ばね
- ピンプランジャ
- カバー
- アンカ
- 可動接点端子
- 下側固定接点端子
- 上側固定接点端子
- 下側固定接点
- 取付け穴

3 制御に用いられる機器のいろいろ

16 タイマ・光電スイッチ

タイマは設定時間になると動作する

■**タイマ**とは、電気的または機械的に入力信号を与えると、あらかじめ定められた時間（設定時間という）を経過した後、その接点が閉路または開路することによって、人為的に出力信号の時間遅れをつくり出す検出用スイッチをいいます。タイマには、その動作原理により"**モータ式タイマ**"と"**電子式タイマ**"とがあります。

■モータ式タイマは、電気的な入力信号により同期モータを回転させ、電源周波数に比例した一定回転速度を時間の基準とし、所定の時間（設定時間）経過後に出力接点の開閉を行います。

■電子式タイマは、コンデンサの充放電特性を利用してコンデンサの端子電圧の時間的変化を検出、増幅して出力接点を動作させます。

光電スイッチは光を遮断すると動作する

■**光電スイッチ**とは、光を媒体とする検出器で、投光器内の光源から放射された光が、物体で遮断されたり、反射されることによる光量の変化を受光器内の光電変換素子によって、電気量に変換して出力接点を動作させ、物体の有無や状態の変化などを無接触で検出するスイッチをいいます。

■光電スイッチは、検出物が金属である必要はなく、比較的遠距離からの検出が可能であるのが特徴といえます。

■光電スイッチは、生産ラインにおける製品の検出（例：生産個数の計測）、外からの侵入者を検出する防犯設備、門扉の自動開閉設備などに使用されたりします。

タイマ・光電スイッチの外観・接続図

タイマ －Time lage relay－

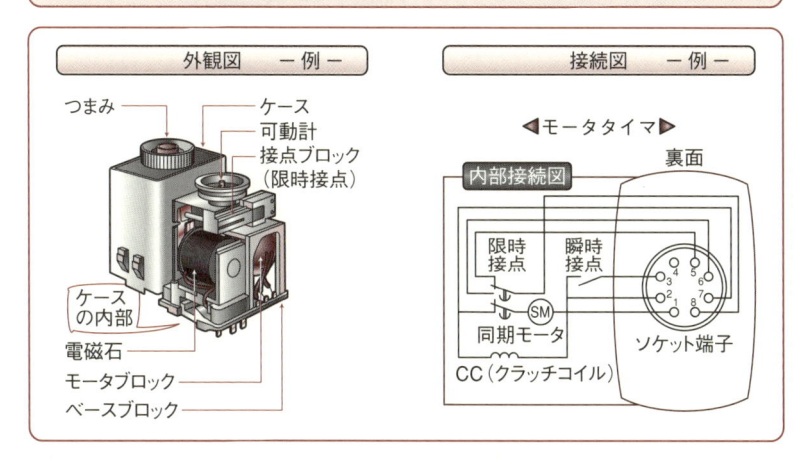

外観図 －例－

- つまみ
- ケース
- 可動計
- 接点ブロック（限時接点）
- ケースの内部
- 電磁石
- モータブロック
- ベースブロック

接続図 －例－

◀モータタイマ▶

内部接続図
- 限時接点
- 瞬時接点
- 同期モータ
- CC（クラッチコイル）
- 裏面
- ソケット端子

光電スイッチ －Photo electric switch－

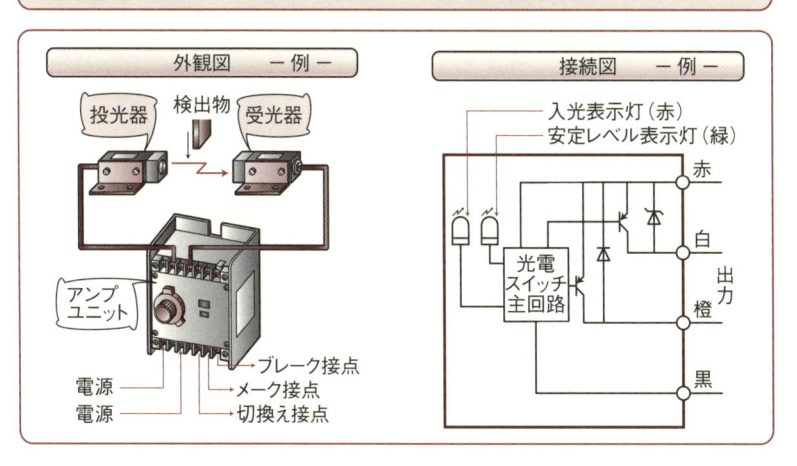

外観図 －例－

- 投光器
- 検出物
- 受光器
- アンプユニット
- 電源
- 電源
- ブレーク接点
- メーク接点
- 切換え接点

接続図 －例－

- 入光表示灯（赤）
- 安定レベル表示灯（緑）
- 光電スイッチ主回路
- 出力：赤／白／橙／黒

17 リミットスイッチ・近接スイッチ

リミットスイッチは物体の接触により位置を検出する

- **リミットスイッチ**とは、機器の運動行程中の定められた位置で動作する検出用スイッチをいいます。
- リミットスイッチは、機器の可動部分の動きにより、機械的運動を電気的信号に変換するもので、物体が所定の位置にあるかどうか、また、力が加わっているかなどの機械量の検出に広く用いられています。
- リミットスイッチは、マイクロスイッチ（15項参照）を堅ろうなケース内に封入（ふうにゅう）して、耐油、耐水などの保護構造を付加したもので、機械入力を検出する部分をアクチュエータといいます。
- リミットスイッチは、物体との接触による機械的入力信号を電気回路の開閉動作出力信号に変換するときに、よく用いられます。

近接スイッチは無接触で物体の接近を検出する

- **近接スイッチ**とは、金属検出体が接近し、ある一定の距離に近づくと、物理的な接触なしに対象物の有無を電気的検出信号として送り出す検出スイッチをいいます。これにより、機械的な接触をしないで、検出体の位置の検出ならびに存在の確認を行うことができます。
- 一般的には、高周波磁界を利用した高周波発振形が多く用いられています。高周波発振形は金属検出体の有無や位置または移動状態などを直接検出する検出ヘッドと、検出信号を受けて出力信号を発するコントロールユニットからなります。
- 高周波発振形は検出ヘッドを高周波発振させ、金属検出体が接近した場合の発振回路の変化を検出して動作させる形式をいいます。

リミットスイッチ・近接スイッチの外観・構造

リミットスイッチ －Limit switch－

外観図 －例－

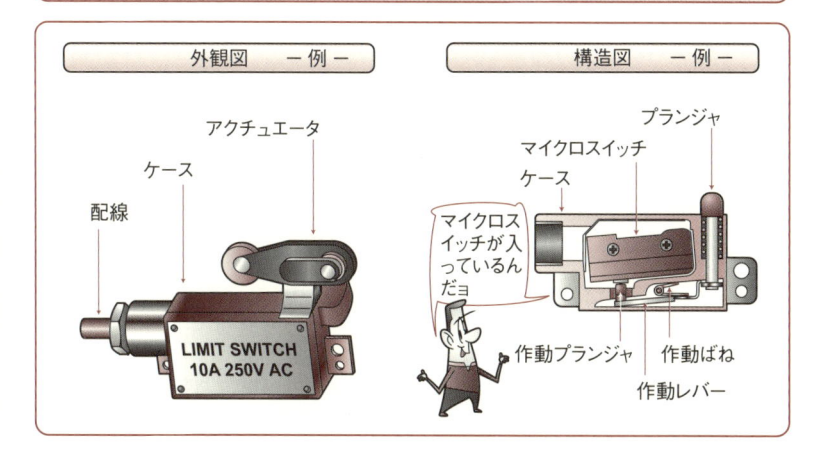

- 配線
- ケース
- アクチュエータ

LIMIT SWITCH
10A 250V AC

構造図 －例－

- マイクロスイッチ
- ケース
- プランジャ
- 作動プランジャ
- 作動レバー
- 作動ばね

マイクロスイッチが入っているんだョ

近接スイッチ －Proximity switch－

外観図 －例－

- コントローラ・ユニット
- 検出ヘッド
- 金属検出体
- 接近
- 電源
- 出力接点

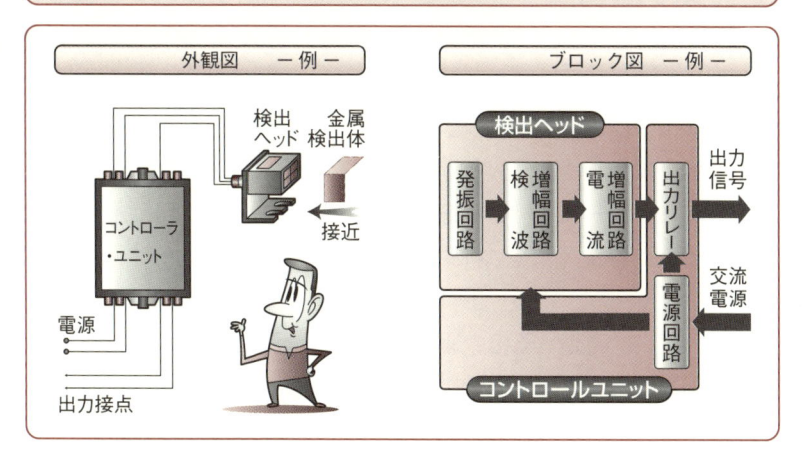

ブロック図 －例－

検出ヘッド
- 発振回路 → 検波増幅回路 → 直流増幅回路 → 出力リレー → 出力信号
- 電源回路 ← 交流電源

コントロールユニット

18 温度スイッチ・サーマルリレー

温度スイッチは設定温度に達すると動作する

■**温度スイッチ**とは、温度が設定温度（予定値）に達したときに動作する検出スイッチをいいます。

■温度スイッチは、温度の変化に対して電気的特性が変化する素子、たとえばサーミスタ、白金など電気抵抗の変化するもの、および熱起電力を生じる熱電対などを測温体に利用し、その変化からあらかじめ設定された温度になったことを検出し、出力接点を動作させます。

■**サーミスタ**とは、温度によって抵抗値が変化する半導体デバイスをいいます。

■**熱電対**とは、異種金属の接続点に温度差があると、起電力の生じる熱電効果を利用したものをいいます。

サーマルリレーは過電流を検出し動作する

■**サーマルリレー**とは、**熱動過電流リレー**ともいい、電気機器の過電流を検出するスイッチをいいます。

■サーマルリレーは、短冊形のヒータとバイメタルを組み合わせた熱電素子と、操作回路の早入、早切機構の接点部から構成されます。

■サーマルリレーは、一般に電磁接触器と組み合わせて用いられます。電気機器に過負荷または拘束状態などで異常な電流が流れると、サーマルリレーのヒータが加熱されてバイメタルが一定量以上わん曲します。これに連動する接点機構を動かし、電磁接触器の操作コイルの回路を切って、異常電流による電気機器の焼損を防止する働きがあります。電動機の過電流保護として、よく用いられます。

温度スイッチ・サーマルリレーの外観・構造

温度スイッチ －Thermo switch－

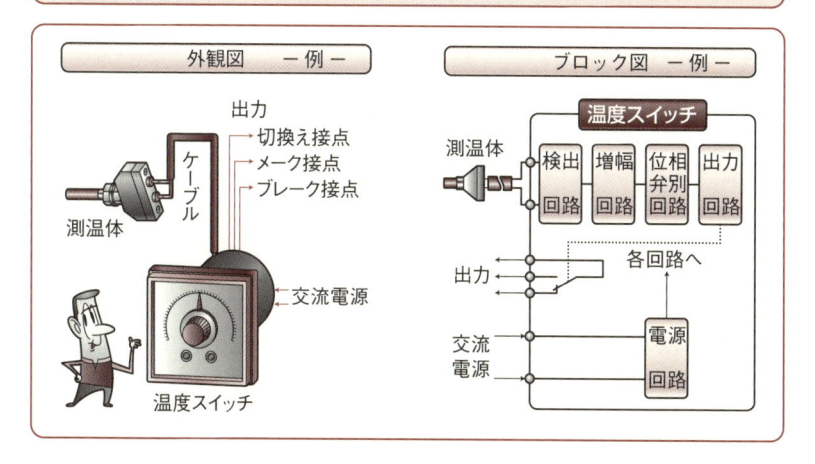

外観図 －例－

- 出力
  - 切換え接点
  - メーク接点
  - ブレーク接点
- ケーブル
- 測温体
- 交流電源
- 温度スイッチ

ブロック図 －例－

測温体 → 温度スイッチ（検出回路・増幅回路・位相弁別回路・出力回路）

- 出力
- 各回路へ
- 交流電源 → 電源回路

サーマルリレー －Thermal relay－

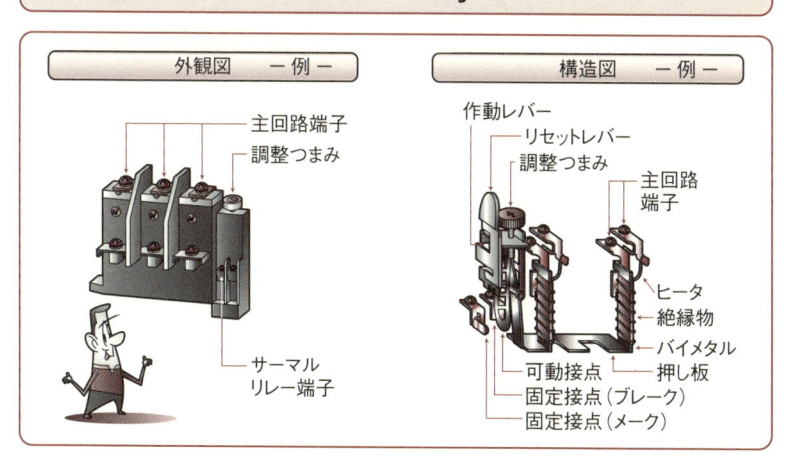

外観図 －例－

- 主回路端子
- 調整つまみ
- サーマルリレー端子

構造図 －例－

- 作動レバー
- リセットレバー
- 調整つまみ
- 主回路端子
- ヒータ
- 絶縁物
- バイメタル
- 押し板
- 可動接点
- 固定接点（ブレーク）
- 固定接点（メーク）

19 電磁リレー・配線用遮断器

電磁リレーは電磁力により動作する

■**電磁リレー**とは、コイルに電流が流れると電磁石となり、その電磁力によって接点を開閉する機構を持った機器の総称をいいます。電磁リレーは、シーケンス制御に使用される機器の中枢をなすものです。

■電磁リレーは、そのコイルに電流が流れると（励磁という）、固定鉄心が電磁石となり、可動鉄片を吸引し、これに連動して可動接点が移動して固定接点と接触あるいは離れることによって、回路の開閉を行います。

■電磁リレーのコイルに流れる電流を切ると（消磁という）、固定鉄心が電磁石でなくなるので、復帰ばねの力により、もとの状態に戻ります（電磁リレーについては6章に詳しく解説してあります）。

配線用遮断器は負荷電流の開閉を行う

■**配線用遮断器**とは、"ノーヒューズブレーカ"ともいい、開閉機構、引外し機構などを絶縁物の容器内に一体に組み立てた"**気中遮断器**"をいいます。

■配線用遮断器は、負荷電流の開閉を行う電源スイッチとして用いられるほかに、過電流および短絡時には、熱動引外し機構（または電磁引外し機構）が動作して、自動的に回路を遮断します。

■配線用遮断器の正常な負荷状態における開閉操作は、操作ハンドルの"入""切"により行います。

■このような機構をもった遮断器を"**過電流遮断器**"といい、原則として、電動機の分岐回路には過電流遮断器が設置されます。

電磁リレー・配線用遮断器の外観・構造

電磁リレー －Relay－

外観図 －例－

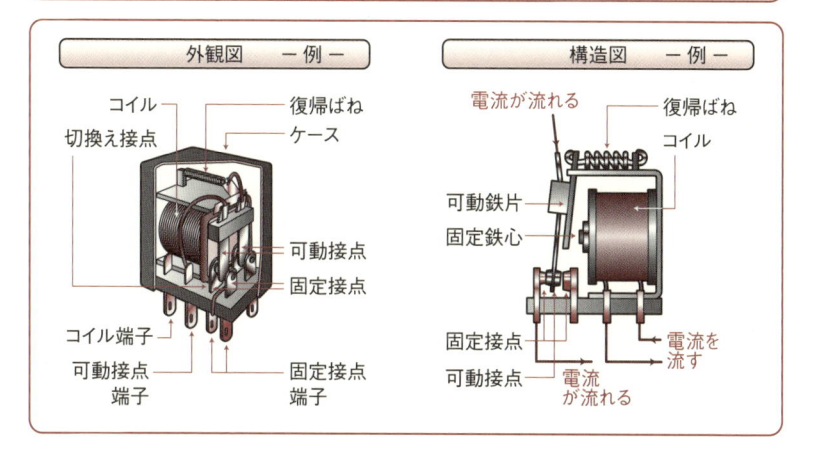

- コイル
- 切換え接点
- 復帰ばね
- ケース
- 可動接点
- 固定接点
- コイル端子
- 可動接点端子
- 固定接点端子

構造図 －例－

- 電流が流れる
- 復帰ばね
- コイル
- 可動鉄片
- 固定鉄心
- 固定接点
- 可動接点
- 電流が流れる
- 電流を流す

配線用遮断器 －Molded Case Circuit breaker－

外観図 －例－

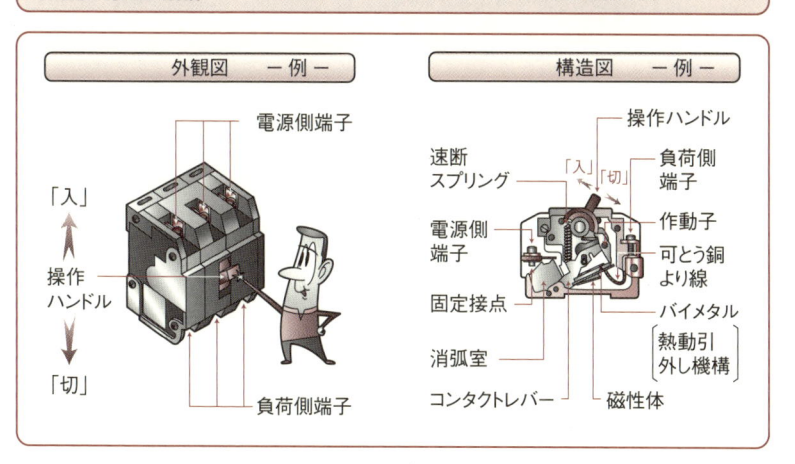

- 電源側端子
- 「入」
- 操作ハンドル
- 「切」
- 負荷側端子

構造図 －例－

- 操作ハンドル
- 速断スプリング
- 「入」「切」
- 負荷側端子
- 電源側端子
- 作動子
- 可とう銅より線
- 固定接点
- バイメタル
- 消弧室
- [熱動引外し機構]
- コンタクトレバー
- 磁性体

20 電磁接触器

電磁接触器は電力回路を開閉する

- **電磁接触器**とは、電磁石の動作によって、負荷回路を頻繁(ひんぱん)に開閉する接触器をいい、主に電力回路の開閉に用いられます。
- 電磁接触器は、電流容量の大きい主接点と電磁リレー接点と同じように電流容量の小さい補助接点からなる接点機構部と、可動鉄心・固定鉄心とからなる操作電磁石部で構成され、樹脂(じゅし)モールド製フレームの上部に接点機構部、下部に操作電磁石部が組み込まれています。
- 接点機構部の固定接点は、樹脂モールド製フレームにねじ止めされ、また、可動接点は接点ばねとともに、可動鉄心と連動するようになっています。したがって、可動鉄心が固定鉄心に吸引されると、可動鉄心に連動して接点機構部が開閉動作をします。

電磁接触器の動作の仕方 ―動作・復帰―

- 電磁接触器のコイルに電流を流す（励磁という）と、固定鉄心と可動鉄心との間に磁束が生じ、磁気回路を形成して固定鉄心が電磁石になります。これにより、可動鉄心が固定鉄心に吸引され、この吸引力によって、可動鉄心と機械的に連動している主接点および補助接点は下方に力を受け**"動作"**します。動作すると、主接点は閉じ、補助接点のメーク接点は閉じ、ブレーク接点は開きます。
- 電磁接触器のコイルに電流が流れない（消磁という）と、固定鉄心が電磁石でなくなります。これにより、可動鉄心は吸引されず戻しばねの力により上方に力を受け**"復帰"**します。復帰すると、主接点は開き、補助接点のメーク接点は開き、ブレーク接点は閉じます。

電磁接触器の外観・構造・動作

電磁接触器 －Electromagnetic Contact－

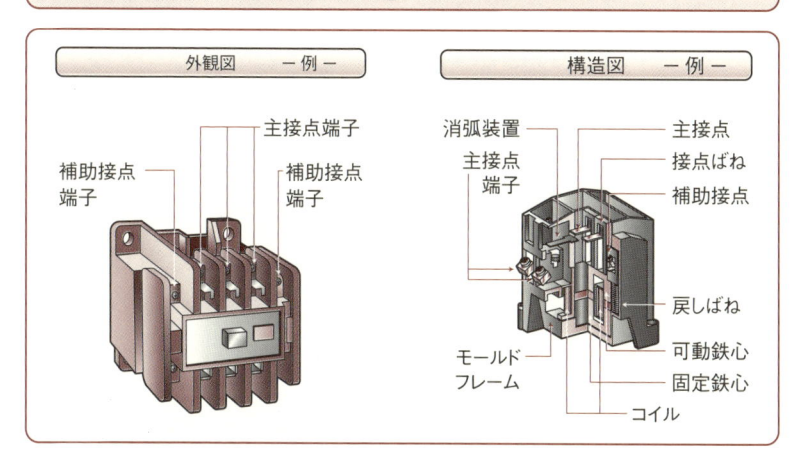

外観図 －例－

- 主接点端子
- 補助接点端子
- 補助接点端子

構造図 －例－

- 消弧装置
- 主接点端子
- モールドフレーム
- 主接点
- 接点ばね
- 補助接点
- 戻しばね
- 可動鉄心
- 固定鉄心
- コイル

電磁接触器の閉動作・開動作

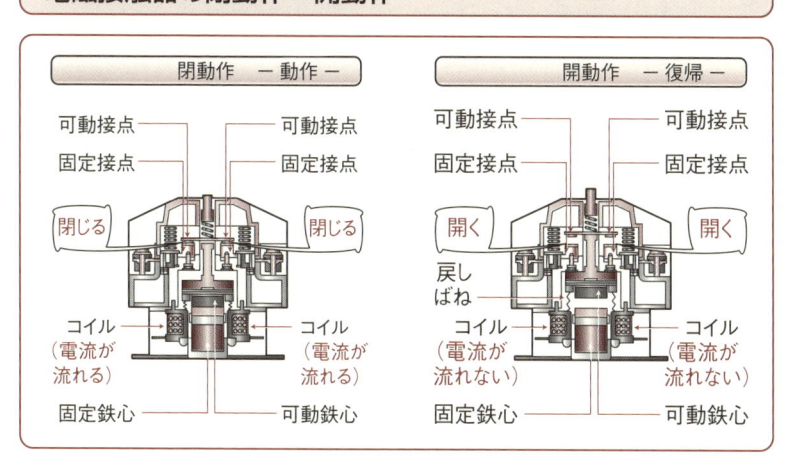

閉動作 －動作－

- 可動接点
- 固定接点
- 閉じる
- コイル（電流が流れる）
- 固定鉄心
- 可動鉄心

開動作 －復帰－

- 可動接点
- 固定接点
- 開く
- 戻しばね
- コイル（電流が流れない）
- 固定鉄心
- 可動鉄心

21 電池・変圧器

電池は直流の電力を得ることができる

- **電池**とは、電解液の中に浸(ひた)した異なる2種の金属の持っている化学的エネルギーを電気的エネルギーに変え、直流の電力を外部に取り出す装置をいいます。電池には"**鉛蓄電池**"や"**アルカリ蓄電池**"などがあります。
- 鉛蓄電池には、電解液に比重1.2～1.3の希硫酸(きりゅうさん)、陽極に二酸化鉛(PbO_2)、陰極に鉛（Pb）が使用されています。起電力は約2Vで、放電すると電解液中では電流が陽極に向かって流れ、陽極も陰極もPbO_4に変化します。充電するともとのPbO_2、Pbに戻ります。
- アルカリ蓄電池は、可性カリ水溶液を電解液とし、オキシ水酸化ニッケルを陽極、カドミウムを陰極とし、起電力は1.2Vです。

変圧器は電圧を高く・低く変成する

- **変圧器**とは、高電圧・小電流の交流電力を、低電圧・大電流の交流電力に、また、その逆の変換を行う機器をいいます。
- 変圧器は、鉄心に二つの巻線を巻き、一方の巻線に交流電圧V_1を加えると、鉄心の中に交番磁束が発生し、電磁誘導作用によって、他方の巻線に交流電圧V_2を発生します。
- 変圧器の電源側の巻線を1次巻線、負荷側の巻線を2次巻線といいます。1次、2次の電圧は、その巻数比に比例します。
- 変圧器は、電流を流す巻線と磁束を通す鉄心からできています。鉄心には、けい素鋼板が使用され、渦電流損を小さくするために鉄心を成層します。また、鉄心には"**巻鉄心形**"と"**積鉄心形**"があります。

電池・変圧器

電池・変圧器の外観・構造

電池 －Battery－

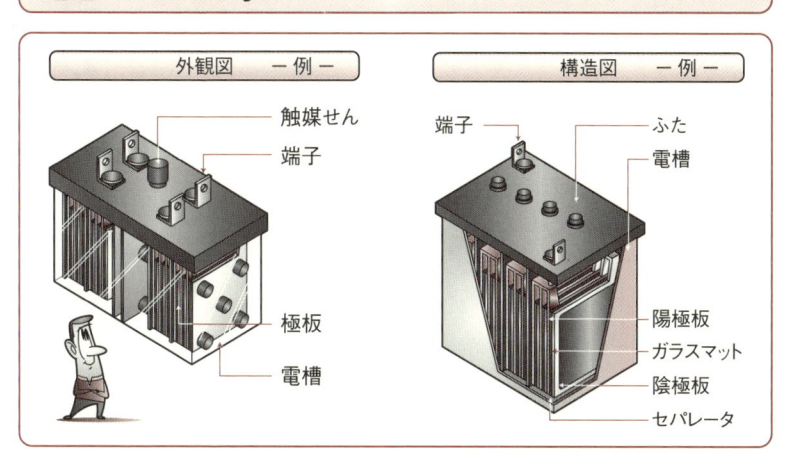

外観図 －例－

- 触媒せん
- 端子
- 極板
- 電槽

構造図 －例－

- 端子
- ふた
- 電槽
- 陽極板
- ガラスマット
- 陰極板
- セパレータ

変圧器 －Transformer－

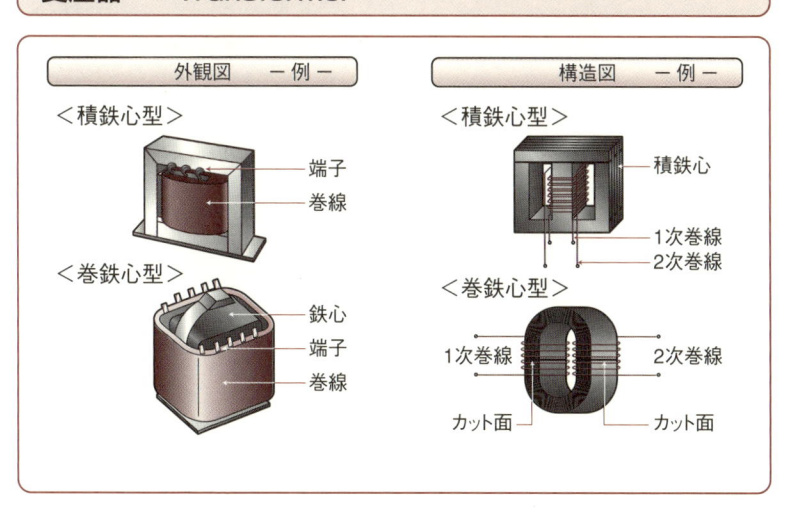

外観図 －例－

<積鉄心型>
- 端子
- 巻線

<巻鉄心型>
- 鉄心
- 端子
- 巻線

構造図 －例－

<積鉄心型>
- 積鉄心
- 1次巻線
- 2次巻線

<巻鉄心型>
- 1次巻線
- 2次巻線
- カット面
- カット面

22 表示灯、ベル・ブザー

表示灯は動作状態を表示する

■ **表示灯**とは、ランプの点灯または消灯によって、運転・停止・故障の表示など機器、回路の制御の動作状態を配電盤、制御盤などに表示するものをいい、"**パイロットランプ**"または"**シグナルランプ**"ともいいます。

■ 表示灯は、電球と色別レンズからなる照光部と、トランスまたは直列抵抗とソケットからなるソケット部より構成されています。

■ 記名式表示灯は、灯蓋照光部にアクリルライトを使用し、フィルタに任意の文字を彫刻します。さらに裏面に着色アクリルを挿入し、点灯時フィルタを通して、各色文字を表示します。

ベル・ブザーは故障を報ずる

■ ベルとブザーは、機器および装置に故障を生じたときに、その発生を知らせる警報器として用いられます。

■ 一般に、**ベル**は故障発生とともに、機器および装置を停止しなくてはならないような"**重故障**"の場合に用います。また、**ブザー**は機器および装置の運転を継続しながら故障修理が可能な場合に用います。このように、ベルとブザーは故障の程度によって使い分けています。

■ ベルは、電磁石部、接点部および音を発生する打棒とゴングなどから構成され、電磁石で振動する打棒で、ゴングを打たせる音響器具です。

■ ブザーは、電磁石部と音を発生する振動板と振動子から構成され、電磁石で発音体を振動させる音響器具です。

表示灯、ベル・ブザー

表示灯、ベル・ブザーの外観・構造

表示灯 －Signal lamp－

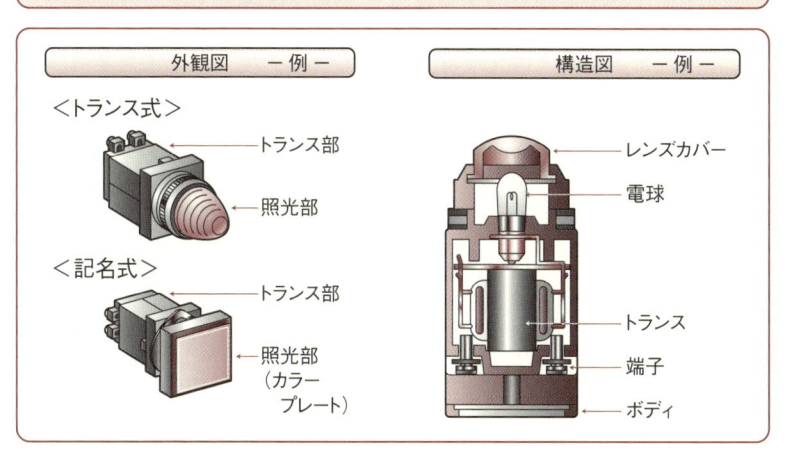

外観図 －例－

＜トランス式＞
- トランス部
- 照光部

＜記名式＞
- トランス部
- 照光部（カラープレート）

構造図 －例－

- レンズカバー
- 電球
- トランス
- 端子
- ボディ

ベル・ブザー －Bell・Buzzer－

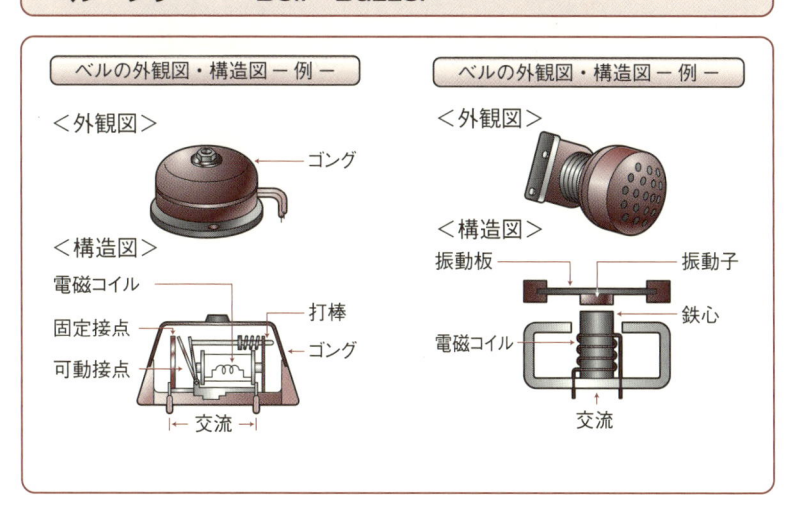

ベルの外観図・構造図－例－

＜外観図＞
- ゴング

＜構造図＞
- 電磁コイル
- 固定接点
- 可動接点
- 打棒
- ゴング
- 交流

ベルの外観図・構造図－例－

＜外観図＞

＜構造図＞
- 振動板
- 振動子
- 鉄心
- 電磁コイル
- 交流

45

23 ダイオード・トランジスタ

ダイオードは順方向にのみ電流が流れる －例：発光ダイオード－

■**ダイオード**とは、**p型半導体**と**n型半導体**を接合した半導体素子をいいます。

■ダイオードは、順方向電圧（p型半導体にプラス、n型半導体にマイナスの電圧を加える）に対しては、ほとんどが抵抗がないので電流が流れやすいのですが、逆方向電圧に対しては、非常に大きな抵抗があるのでほとんど電流が流れないという特性をもっています。この特性を利用して、交流を直流に整流することができます。

■**発光ダイオード**とは、電流を流すと光を発生する素子で、順方向の電流に対してだけ動作します。この特性から、表示灯として利用され、白熱電球に比べ消費電力が少なく、応答が速いのが特徴です。

トランジスタはスイッチング作用・増幅作用がある

■**トランジスタ**（Transistor）とは、半導体を用いた能動素子に対する一般的名称で、Transfer resistorからの縮造語です。

■トランジスタはp型半導体とn型半導体を交互に接合した3層の半導体素子で、その組合せにより、**pnp型トランジスタ**、**npn型トランジスタ**とがあります。

■pnp型およびnpn型とも、中間に挟まれたp型またはn型の部分をベース（B）といい、ベースを挟む二つの半導体の一方をエミッタ（E）、他方をコレクタ（C）といいます。

■トランジスタは、ベース電流が流れたときだけ、コレクタ電流が流れることから、**スイッチング作用**、**増幅作用**があります。

ダイオード・トランジスタの外観・構造

ダイオード（例：発光ダイオード） －Diode－

外観図 －例－

<ダイオード>
- アノード
- カソード

<発光ダイオード>
- 発光部

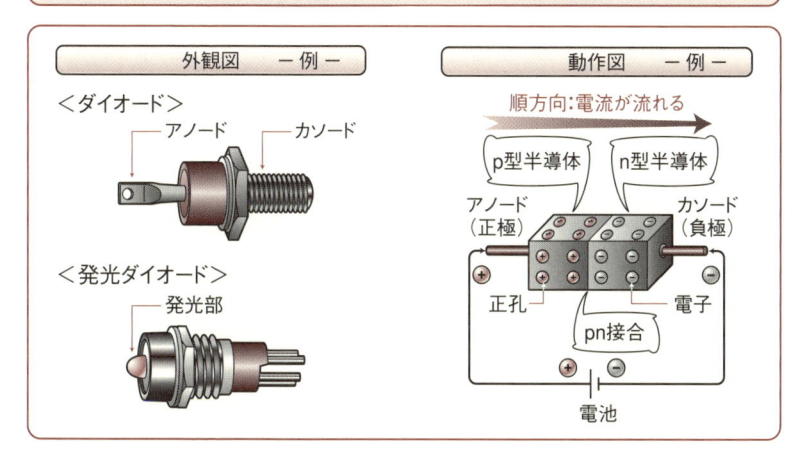

動作図 －例－

順方向：電流が流れる

- p型半導体
- n型半導体
- アノード（正極）
- カソード（負極）
- 正孔
- 電子
- pn接合
- 電池

トランジスタ －Transistor－

外観図 －例－

<pnp型>
- コレクタ（C）
- ベース（B）
- エミッタ（E）

<npn型>
- コレクタ（C）
- ベース（B）
- エミッタ（E）

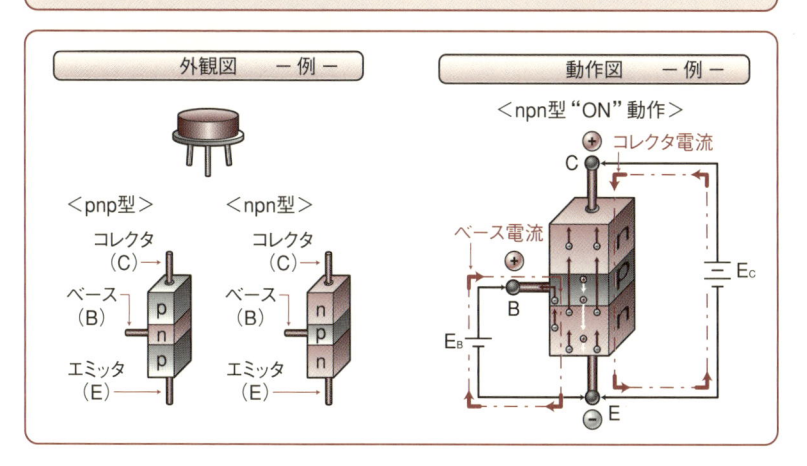

動作図 －例－

<npn型 "ON" 動作>

- コレクタ電流
- ベース電流
- C
- B
- E
- E_B
- E_C

24 電動機

電動機　例：三相誘導電動機　－Motor－

- **電動機**とは、**モータ**ともいい、電力を受けて機械動力を発生する回転機をいいます。
- 一般に、電動機というと**三相誘導電動機**のことをいい、商用電源からの電力の供給により、機械動力を得ることができ、遠隔からの制御も容易であることから、物体の移動や加工、設備の動力源として使用されます。

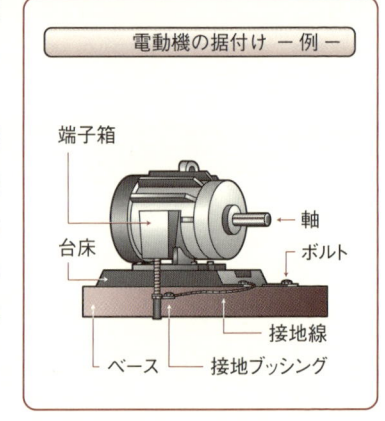

電動機の据付け　－例－

端子箱／軸／台床／ボルト／接地線／ベース／接地ブッシング

誘導電動機の内部構造図　－例－

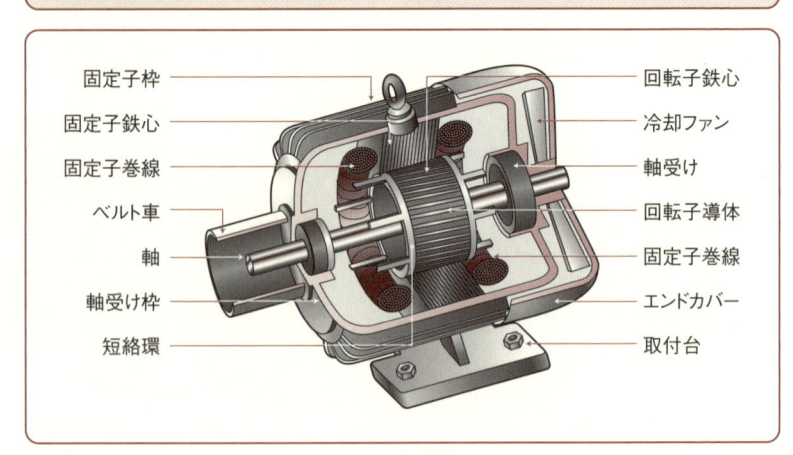

固定子枠／固定子鉄心／固定子巻線／ベルト車／軸／軸受け枠／短絡環／回転子鉄心／冷却ファン／軸受け／回転子導体／固定子巻線／エンドカバー／取付台

4

電気用図記号を覚えることからはじめる

25 電気用図記号とはどういうものか

機器・器具を記号化したのが電気用図記号です

■シーケンス制御回路に用いるいろいろな機器・器具をシーケンス図に表すのに、いちいち実際の形を書いたのでは、手間がかかります。そこで、これらの機器を簡潔な表現で一目見れば何であるかが理解でき、また、簡単に書けるような記号を定めると便利です。この記号を"**電気用図記号**"といい、通常、"**シンボル**"ともいいます。

■シーケンス図は、これを利用する人のために書くのですから、書く人が自分勝手に決めた図記号を用いると、見る人は何のことかわからないし、また、これを推量すれば、間違いのもとになります。ですから読む人にも容易に理解できるように、共通の表現を定め、これに基づいて正しく書くようにする必要があります。

電気用図記号は日本工業規格JIS C 0617に規定されている

■電気用図記号を共通の表現で定めたのが、日本工業規格"**JIS C 0617（電気用図記号）**"です。一般にシーケンス図はこの規格で定められた電気用図記号が用いられています。

■電気用図記号は、機器・器具の機械的な関連を省略し、電気回路の一部の要素を簡略化して、その動作状態がわかるようにしてあります。シーケンス制御の理解は、まず電気用図記号を覚えることです。

■この章では、電気用図記号は、すべてコンピュータ支援製図システムのグリッド内（図記号の背景に表示）に描かれていますので、その比率で書くようにしましょう。グリッドの基本単位寸法は$M=2.5mm$を使用しており、図記号の関連線間の間隔は基本単位の倍数とします。

電気用図記号とはどういうものか

主な開閉接点の図記号とその書き方

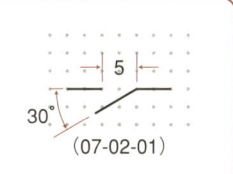

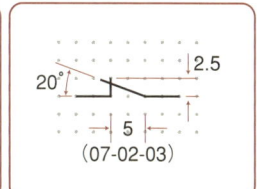

開閉接点の種類		メーク接点（a接点）	ブレーク接点（b接点）
2位置接点	■2位置接点とは、開と閉の二つの位置を持つ接点をいう。	(07-02-01)	(07-02-03)
3位置接点	■3位置接点とは、メーク接点とブレーク接点を一対にした"切換接点"をいう。	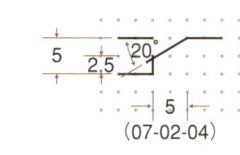 (07-02-04) 	
電力用接点	■電力用接点とは、開閉する電力が大きい接点をいう。	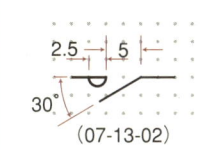 (07-13-02)	(07-13-04)
限時動作接点	■限時動作接点とは、入力信号が入ってから所定の時間経過後に動作する接点をいう。	(07-05-01)	(07-05-03)

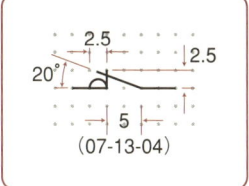

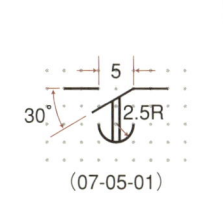

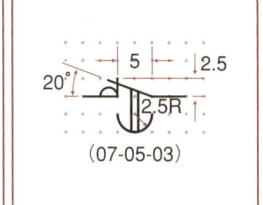

26 開閉接点の限定図記号

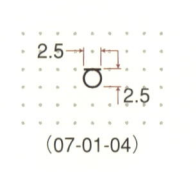

限定図記号は開閉接点の機能を表示する

- 開閉接点を有する機器の電気用図記号は、接点の開閉接点の図記号に "**限定図記号**" および/または "**操作機構図記号**" を組み合わせて表します。限定図記号は "**接点機能図記号**" ともいい、開閉接点の持つ機能を表します。
- この章で、図記号下部の（　）内の数字は、JIS C 0617規格内の図記号番号を示します。

主な限定図記号　－JIS C 0617－

	<説明>	<図記号>	<例>
遮断機能	■遮断機能とは、消弧機能を有し回路電流を遮断する接点をいう。	(07-01-02)	●配線用遮断器 ←遮断機能 (07-13-05)
負荷開閉機能	■負荷開閉機能とは、負荷電流を開閉することができる接点をいう。	(07-01-04)	●負荷開閉器 ←負荷開閉機能 (07-13-08)

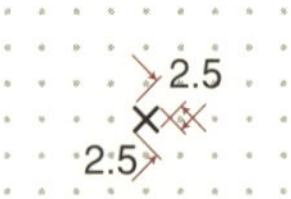

開閉接点の限定図記号

限定図記号は開閉接点図記号と組み合わせる

主な限定図記号 －JIS C 0617－

位置スイッチ機能

<説明>
- 位置スイッチ機能とは、位置の検出により動作する接点をいう。

<図記号> 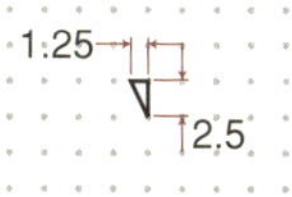
1:25
2.5
(07-01-06)

<例>
● リミットスイッチ
位置スイッチ機能

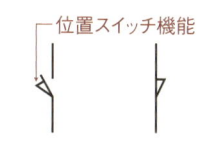

(07-08-01) (07-08-02)
メーク接点　ブレーク接点
(a接点)　　(b接点)

非自動復帰機能

<説明>
- 非自動復帰機能とは、入力信号がなくなってもそのまま残留する接点(残留接点)をいう。

<図記号> 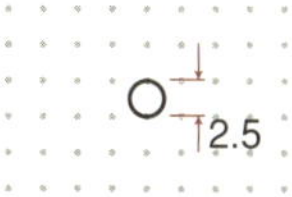
2.5
(07-01-08)

<例>
● タンブラスイッチ
非自動復帰機能

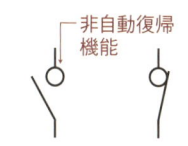

(07-06-02) (－)
メーク接点　ブレーク接点
(a接点)　　(b接点)

遅延動作機能

<説明>
- 遅延動作機能とは、入力信号が入ってから一定時間遅れて動作する接点をいう。

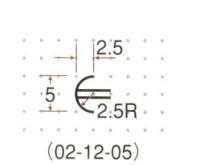

<図記号>
2.5
5
2.5R
(02-12-05)

<例>
● タイマ
遅延動作機能

(07-15-01) (07-05-01) (07-05-03)
　　　　　メーク接点　ブレーク接点
　　　　　(a接点)　　(b接点)

27 開閉接点の操作機構図記号

操作機構図記号は開閉接点の操作の仕組みを表示する

手動操作(一般)

<説明>
- 手動操作とは、人が手で直接操作する接点をいう(一般として使用)。

<図記号> 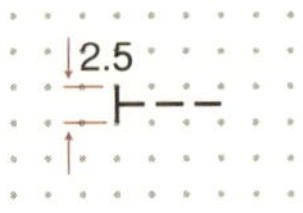
(02-13-01)

<例>
● ナイフスイッチ
手動操作
(07-07-01)

押し操作

<説明>
- 押し操作とは、人が指で押して操作する接点をいう。

<図記号> 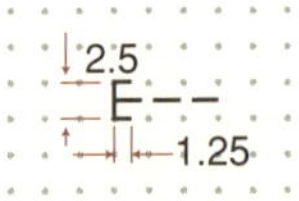
(02-13-05)

<例>
● 押しボタンスイッチ 
押し操作
(07-07-02)　(　―　)
メーク接点　ブレーク接点
(a接点)　　(b接点)

近接操作

<説明>
- 物体を近づけることによって操作する接点をいう。

<図記号> 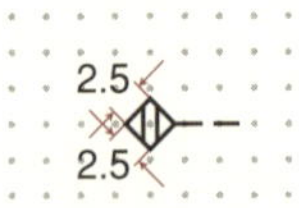
(02-13-06)

<例>
● 近接スイッチ 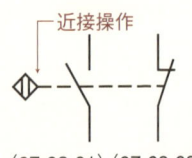
近接操作
(07-02-01)(07-02-03)
メーク接点　ブレーク接点
(a接点)　　(b接点)

開閉接点の操作機構図記号

操作機構図記号は開閉接点図記号と組み合わせる

主な操作機構図記号　－JIS C 0617－

非常操作

＜説明＞
- 非常操作とは、非常停止のときに操作する接点（マッシュルームヘッド形）をいう。

＜図記号＞

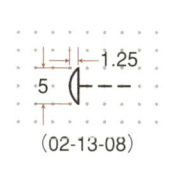

(02-13-08)

＜例＞
- 非常停止スイッチ

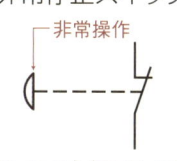

　　非常操作

(02-13-08) (07-02-03)
ブレーク接点
（b接点）

電磁効果による操作

＜説明＞
- 電磁効果による操作とは、コイルの電流による電磁力で操作する接点をいう。

＜図記号＞

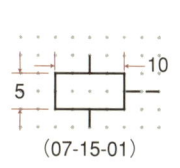

(07-15-01)

＜例＞
- 電磁リレー

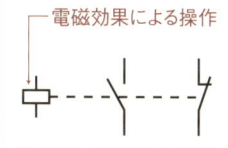

　　電磁効果による操作

(07-15-01)　(07-02-01) (07-02-03)
　　　　　　メーク接点　ブレーク接点
　　　　　　（a接点）　　（b接点）

熱継電器による操作

＜説明＞
- 熱継電器による操作とは、電流の熱作用による偏位力で操作する接点をいう。

＜図記号＞

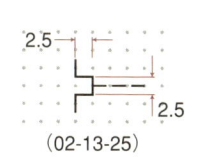

(02-13-25)

＜例＞
- サーマルリレー

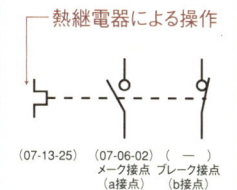

　　熱継電器による操作

(07-13-25)　(07-06-02)　(－)
　　　　　　メーク接点　ブレーク接点
　　　　　　（a接点）　　（b接点）

55

4 | 電気用図記号を覚えることからはじめる

28 抵抗器・コンデンサ・コイルの図記号

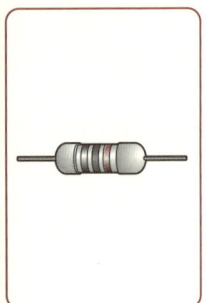

機器の名称	電気用図記号	電気用図記号の書き方
抵抗器	（04-01-01）	7.5 / 1.25 / 1.25 / 2.5
コンデンサ	(a)（04-02-01） (b)（04-02-07）（可変）	(a) 2.5 / 5 / 2.5 / 1 (b) 7.5 / 7.5 / 45°
コイル（電磁リレーコイル）	 （07-15-01）	5 / 5 / 5 / 10

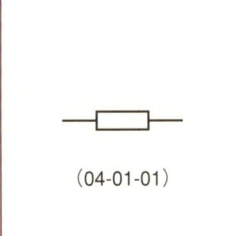

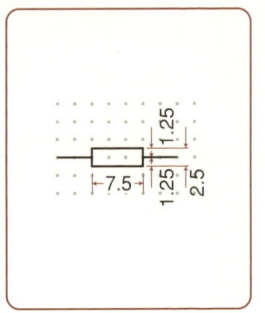

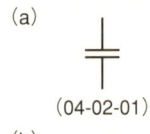

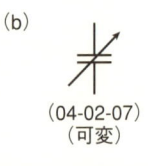

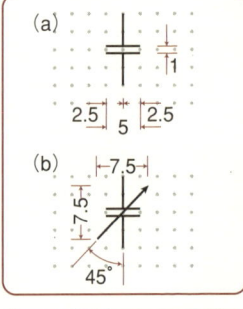

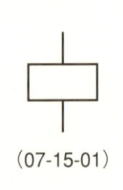

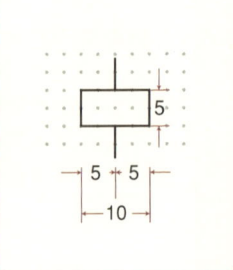

56

抵抗器・コンデンサ・コイルの図記号

スイッチ類の図記号

| 機器の名称 | 電気用図記号 | 電気用図記号の書き方 |

押しボタンスイッチ

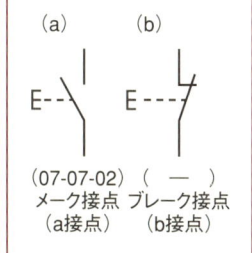

(a) (b)

(07-07-02) (―)
メーク接点　ブレーク接点
(a接点)　　(b接点)

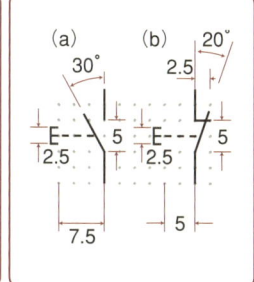

ナイフスイッチ

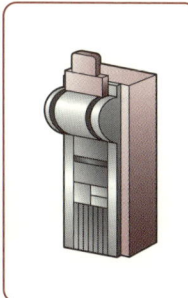

(07-07-01)
(手動操作スイッチ)

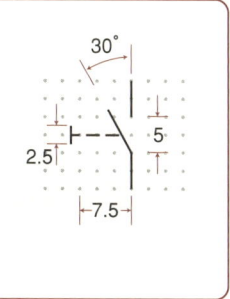

リミットスイッチ

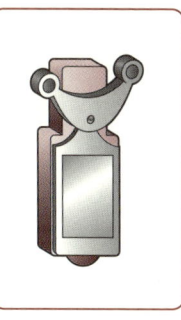

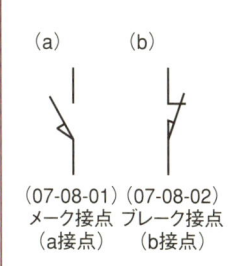

(a) (b)

(07-08-01) (07-08-02)
メーク接点　ブレーク接点
(a接点)　　(b接点)

57

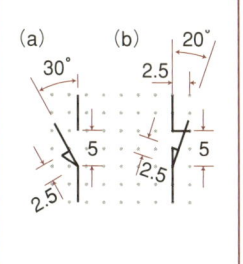

29 電磁リレー・電磁接触器・配線用遮断器

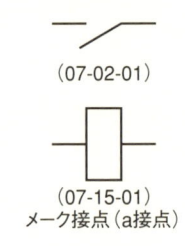

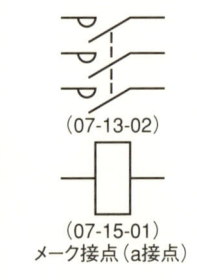

機器の名称	電気用図記号	電気用図記号の書き方
電磁リレー	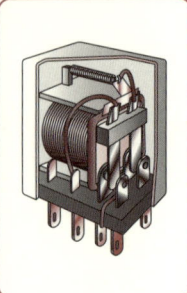 (07-02-01) (07-15-01) メーク接点（a接点）	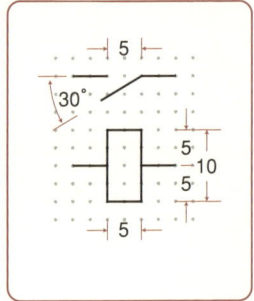
電磁接触器	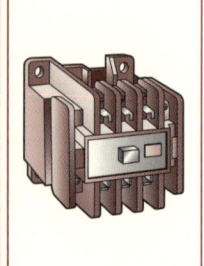 (07-13-02) (07-15-01) メーク接点（a接点）	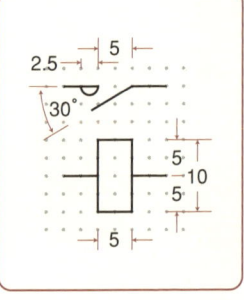
配線用遮断器	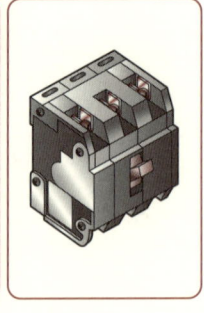 (07-13-05) メーク接点（a接点）	

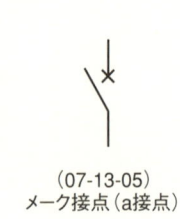

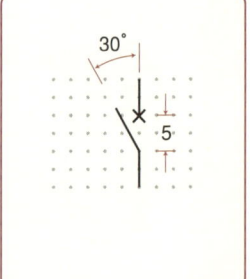

電磁リレー・電磁接触器・配線用遮断器

タイマ・サーマルリレー・計器の図記号

| 機器の名称 | 電気用図記号 | 電気用図記号の書き方 |

タイマ

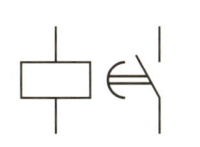

(07-15-01) 継電器コイル
(07-05-01) メーク接点 (a接点)

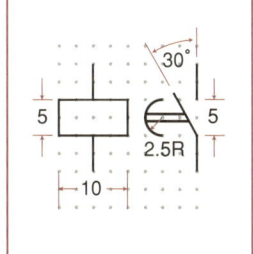

サーマルリレー

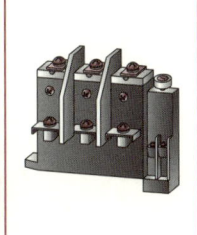

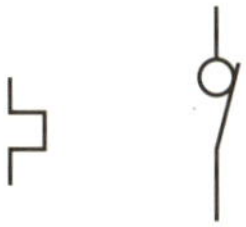

(02-13-25) 熱継電器による操作
(―) ブレーク接点 (b接点)

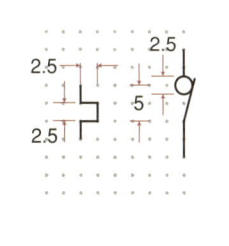

計器（一般）

(08-01-01)

〔例〕電圧計 (08-02-01)

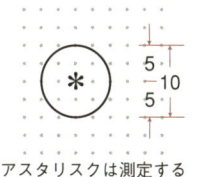

アスタリスクは測定する量又は測定量の単位を表す文字記号に置き換える

59

30 電動機・変圧器・電池の図記号

機器の名称	電気用図記号	電気用図記号の書き方

電動機

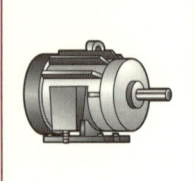

(06-04-01)

〔例〕 電動機 M

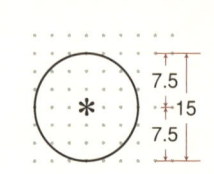

アスタリスクは回転機の種類を示す文字記号に置き換える

7.5 / 15 / 7.5

変圧器

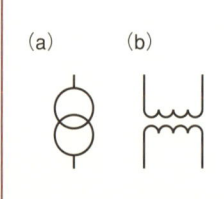

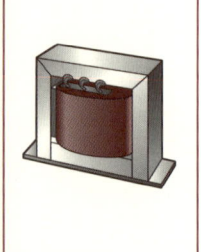

(a) (06-09-01)　(b) (06-09-02)

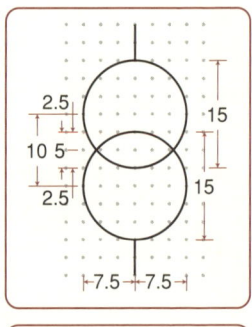

2.5 / 10.5 / 2.5　15 / 15　7.5 7.5

電池

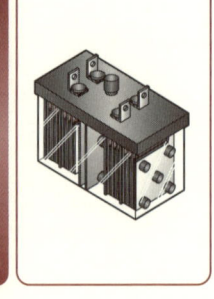

(06-15-01)

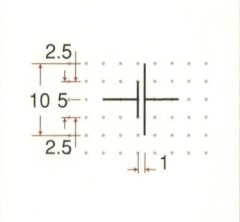

2.5 / 10.5 / 2.5　1

電動機・変圧器・電池の図記号

ランプ、ベル・ブザー、ヒューズの図記号

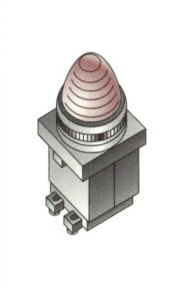

機器の名称	電気用図記号	電気用図記号の書き方
ランプ	⊗ (08-10-01)	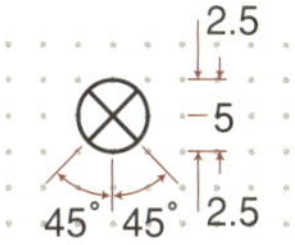 2.5 / 5 / 2.5 / 45° 45°
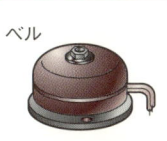  ベル・ブザー	ベル (08-10-06) ／ ブザー  (08-10-10)	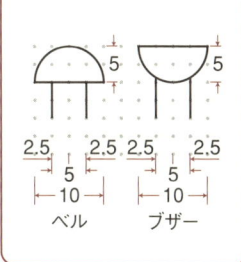 ベル 5／2.5 5 2.5／10　　ブザー 5／2.5 5 2.5／10
ヒューズ	 (07-21-01)	7.5／1.25 1.25／2.5

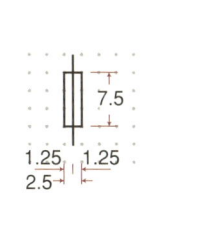

61

31 シーケンス制御記号

機器の名称を記号で表す －シーケンス制御記号－

■一般に、シーケンス制御系に使用される機器をシーケンス図に表示するには、電気用図記号が用いられますが、その制御機器の名称をいちいち日本語または英語で書いたのでは、非常に煩雑となります。そこで、シーケンス図においては、これらの制御機器の名称を略号化し、文字記号として電気用図記号に付記し、シーケンス動作をより理解しやすくします。

■一般産業用シーケンス制御系に用いられる機器の記号としては、**シーケンス制御記号**が用いられます。シーケンス制御記号は、制御機器の英文名の頭文字を大文字で列記するのを原則とします。他と混同しやすい場合には、第2文字、第3文字まで用いるようにします。

シーケンス制御記号には機能記号と機器記号がある

■シーケンス制御記号としての文字記号には、機器を表す"**機器記号**"と機器の果たす機能を表示する"**機能記号**"の2種類があります。
■機能記号と機器記号の両者を組み合わせて用いるときは、機能記号、機器記号の順序に書き、その間にハイフン（－）を入れます。

シーケンス制御記号の組合せ（例）

機能記号－機器記号

F － MC ……… 正転用電磁接触器

　　　└─ 機器記号：電磁接触器
　　　　　(Electromagnetic Contactor)

└─ 機能記号：正 (Forward)

シーケンス制御記号

主な機能記号の表記例

名称	文字記号	英語名
自動	AUT	Automatic
手動	MA	Manual
開路	OFF	Off
閉路	ON	On
始動	ST	Start
運転	RN	Run
停止	STP	Stop
復帰	RST	Reset
正	F	Forward
逆	R	Reverse

名称	文字記号	英語名
高	H	High
低	L	Low
前	FW	Forward
後	BW	Backward
増	INC	Increase
減	DEC	Decrease
開	OP	Open
閉	CL	Close
右	R	Right
左	L	Left

電気用図記号への機能記号の表記例

名称	始動ボタンスイッチ
英語名	Start Button Switch
文字記号	ST-BS

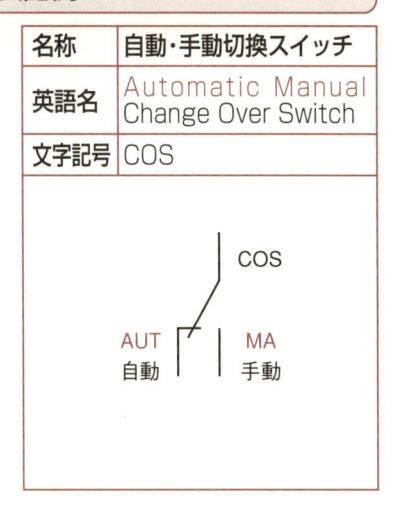

名称	自動・手動切換スイッチ
英語名	Automatic Manual Change Over Switch
文字記号	COS

32 スイッチ・開閉器の文字記号

名称	文字記号	英語名
制御スイッチ	CS	Control Switch
ナイフスイッチ	KS	Knife Switch
ボタンスイッチ	BS	Button Switch
足踏スイッチ	FTS	Foot Switch
タンブラスイッチ	TS	Tumbler Switch
トグルスイッチ	TGS	Toggle Switch
ロータリスイッチ	RS	Rotary Switch
切換スイッチ	COS	Change-over Switch
非常スイッチ	EMS	Emergency Switch
リミットスイッチ	LS	Limit Switch
フロートスイッチ	FLTS	Float Switch
レベルスイッチ	LVS	Level Switch
近接スイッチ	PROS	Proximity Switch
光電スイッチ	PHOS	Photoelectric Switch
圧力スイッチ	PRS	Pressure Switch
温度スイッチ	THS	Thermo Switch
速度スイッチ	SPS	Speed Switch
電磁接触器	MC	Electromagnetic Contactor
電磁開閉器	MS	Electromagnetic Switch
遮断器	CB	Circuit-breaker
配線用遮断器	MCCB	Molded-case Circuit-breaker
漏電遮断器	ELCB	Earth leakage Circuit-breaker

スイッチ・開閉器の文字記号

電気用図記号への機器記号の表記例

スイッチ・開閉器類文字記号の表記例

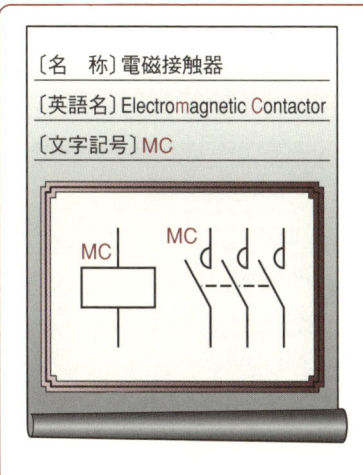

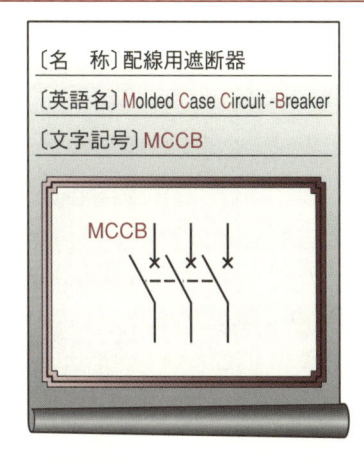

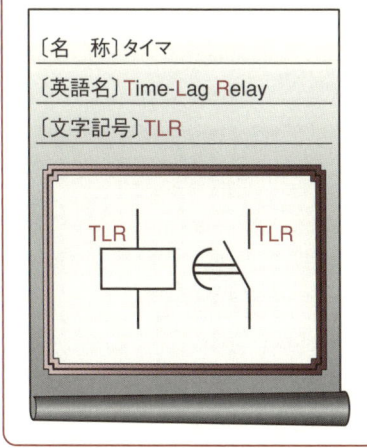

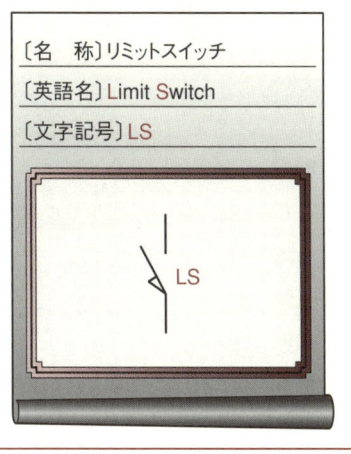

〔名　称〕電磁接触器
〔英語名〕Electromagnetic Contactor
〔文字記号〕MC

〔名　称〕配線用遮断器
〔英語名〕Molded Case Circuit -Breaker
〔文字記号〕MCCB

〔名　称〕タイマ
〔英語名〕Time-Lag Relay
〔文字記号〕TLR

〔名　称〕リミットスイッチ
〔英語名〕Limit Switch
〔文字記号〕LS

33 制御機器類の文字記号

名称	文字記号	英語名
抵抗器	R	Resister
可変抵抗器	VR	Variable Resister
始動抵抗器	STR	Starting Resister
コイル	C	Coil
放電コイル	DC	Discharging Coil
引外コイル	TC	Tripping Coil
コンデンサ	C	Capacitor
電磁リレー	R	Relay
タイマ	TLR	Time-Lag Relay
サーマルリレー	THR	Thermal Relay
補助リレー	AXR	Auxiliary Relay
電圧計	VM	Vlotmeter
電流計	AM	Ammeter
電力計	WM	Wattmeter
ベル	BL	Bell
ブザー	BZ	Buzzer
ヒューズ	F	Fuse
赤色表示灯	RD-L	Signal lamp Red
緑色表示灯	GN-L	Signal lamp Green
電動機	M	Motor
誘導電動機	IM	Induction Motor
発電機	G	Generator

5

知っておきたい
シーケンス図の書き方

34 シーケンス図とはどういうものか

シーケンス図はシーケンス制御回路を表示する図です

- シーケンス制御回路を記載する図を"**シーケンス図**"といい、別名"**シーケンスダイヤグラム**"または"**展開接続図**"ともいいます。
- シーケンス図は、電気設備の装置、配電盤およびこれらに関連する機器・器具の動作・機能を中心に展開して示した図です。
- シーケンス図は、シーケンス制御回路の動作を順序を追って、正確に、また、容易に理解できるように作られた接続図です。
- シーケンス図の特徴は、機器・器具の機構的関連を省略して、接点、コイルなどで表し、その機器・器具に属する制御回路をそれぞれ単独に取り出して、動作の順序に配列し、離ればなれになった部分がどの機器・器具に属するかを記号で示すなどが、他と異なります。

シーケンス図に記載する事項

- シーケンス制御回路をシーケンス図に表すには、必要に応じて、次の事項を記載するとよいでしょう。
- シーケンス制御回路の機器・器具などの機能・操作機構を表すために用いる図記号は、日本工業規格JIS C 0617規格に規定されている"**電気用図記号**"が用いられます（4章25項〜30項参照）。
- シーケンス制御回路の機器・器具などの品目を表す記号は、"**シーケンス制御記号**"が用いられます（4章31項〜33項参照）。
- シーケンス制御回路の機器・器具の"**端子記号**"を表示します。
- シーケンス制御回路の制御電源は直流または交流の"**電源記号**"を用いて表示します。

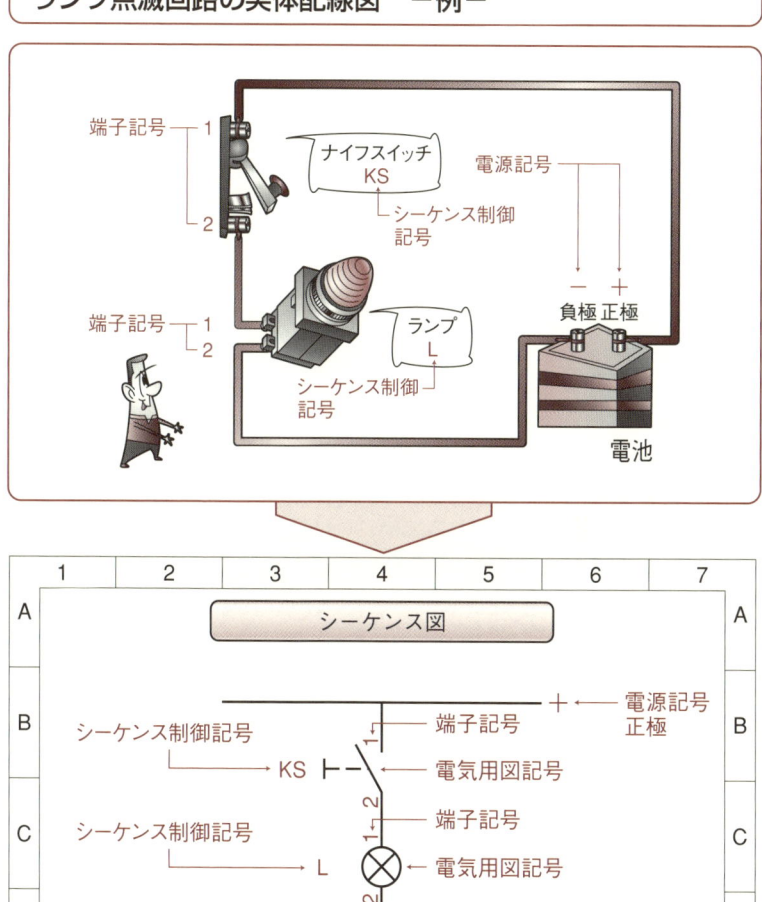

シーケンス図とはどういうものか

シーケンス図の記載事項の表記例

ランプ点滅回路の実体配線図　-例-

端子記号 ― 1, 2
ナイフスイッチ KS
└ シーケンス制御記号
電源記号
- 負極　+ 正極

端子記号 ― 1, 2
ランプ L
└ シーケンス制御記号

電池

	1	2	3	4	5	6	7	
A			シーケンス図					A
B	シーケンス制御記号 → KS			端子記号／電気用図記号		+ ← 電源記号 正極		B
C	シーケンス制御記号 → L			端子記号／電気用図記号				C
D						- ← 電源記号 負極		D
	1	2	3	4	5	6	7	

69

35 シーケンス図の書き方

シーケンス図の書き方の原則

■シーケンス制御回路を表示するシーケンス図は、その表現方法が通常の接続図とは、大いに違っています。ですから、シーケンス図を書く上での原則的な考え方を十分に理解し、基本的な書き方に慣れていないと、非常にわかりにくいといえます。そこで、シーケンス図の書き方の原則、つまり、**"決まり"** を下記に示します。

● 制御電源母線は、いちいち詳細に示さず、電源導線として、図の上下に横線で示すか、あるいは左右に縦線で示してください。

● 制御機器を結ぶ接続線は、上下の制御電源母線の間に、まっすぐな縦線で示すか、あるいは、左右の制御電源母線の間に、まっすぐな横線で示してください。

● 接続線は動作の順序に左から右へ、あるいは、上から下への順に並べて書いてください。

● 制御機器は、休止状態でしかもすべての電源を切り離した状態で示してください。

● 開閉接点を有する制御機器は、その機械部分や支持、保護部分などの機構的関連を省略して、接点、コイルなどで表現し各接続線に分離して示してください。

● 制御機器の離ればなれになった各部分には、その制御機器名を示す文字記号を添記して、その所属、関連を明らかにしてください。

シーケンス図の書き方の例

電磁リレーの制御回路実体配線図　－例－

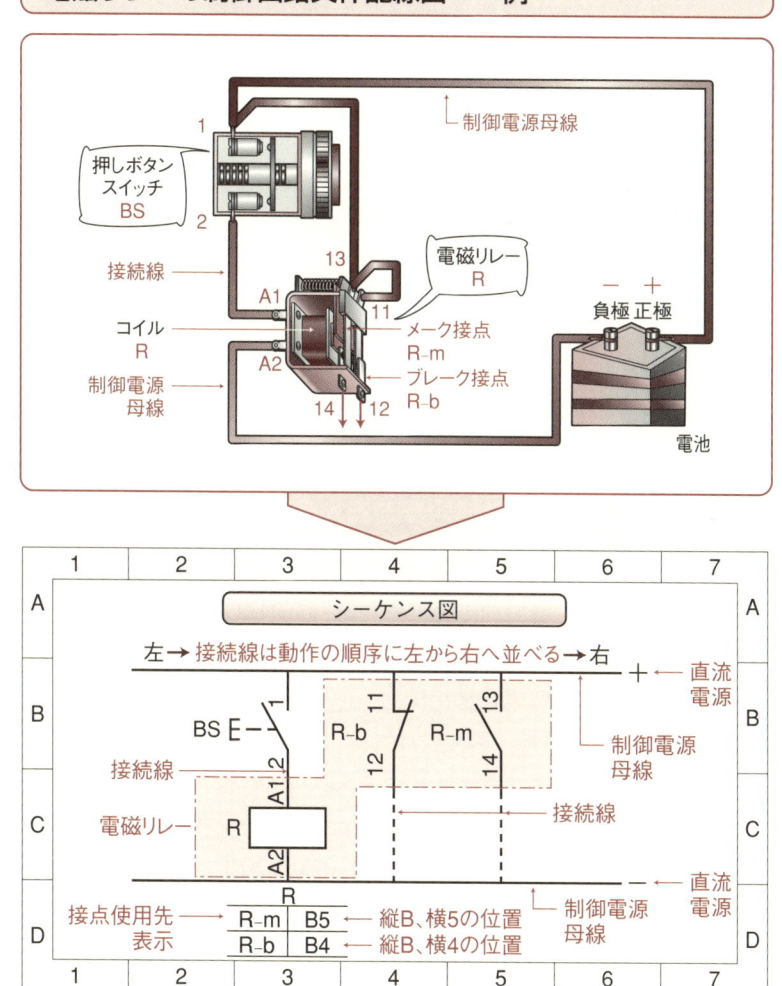

- 押しボタンスイッチ BS
- 接続線
- コイル R
- 制御電源母線
- 制御電源母線
- 電磁リレー R
- メーク接点 R-m
- ブレーク接点 R-b
- 負極 正極
- 電池

シーケンス図

左→ 接続線は動作の順序に左から右へ並べる →右

BS　R-b　R-m

+ ← 直流電源
制御電源母線

接続線
電磁リレー R
接続線

− ← 直流電源
制御電源母線

| 接点使用先表示 | R-m | B5 | ←縦B、横5の位置 |
| | R-b | B4 | ←縦B、横4の位置 |

36 シーケンス図の縦書き・横書き

信号の流れる方向により縦書き・横書きを区別する

■シーケンス図において、信号の流れの基本的な方向は、"**左から右**" であり、また、"**上から下**" ということが望ましいといえます。

■シーケンス図における接続線の信号の流れの方向によって、"**縦書きシーケンス図**" と "**横書きシーケンス図**" とに区別されます。

■縦書きシーケンス図とは、接続線内の信号の流れの方向が、大部分上下方向、つまり縦方向に図示されるものをいいます。
- 制御電源母線は、シーケンス図の上下に横線で示します。
- 接続線は、制御電源母線の間に、信号の流れに沿って、上下方向の縦線で示します。
- 接続線は、動作の順序に左から右への順に並べて示します。

横書きシーケンス図は信号が左右方向に流れる

■横書きシーケンス図とは、接続線内の信号の流れの方向が、大部分左右方向、つまり横方向に図示されるものをいいます。
- 制御電源母線は、シーケンス図の左右に縦線で示します。
- 接続線は、制御電源母線の間に、信号の流れに沿って、左右方向の横線で示します。
- 接続線は、動作の順序に上から下への順に並べて示します。
- 接続線内の制御機器の配列は、左方の制御電源母線側には各種の切換スイッチ、操作スイッチ、電磁リレーなどの接点を順次接続し、タイマ、電磁リレー、電磁接触器などのコイルは、原則として右方の制御電源母線に接続します。

縦書きシーケンス図・横書きシーケンス図記載例

縦書きシーケンス図（例：電磁リレーの制御回路）

左 ← 接続線は動作の順序に左から右へ並べる → 右

上 ↓ 信号は上から下に流れる ↓ 下

動作[1]　動作[2]　動作[3]

BS、R／動作[1]：信号の流れ方向 下
R-b／動作[2]：信号の流れ方向 下
R-m／L2／動作[3]：信号の流れ方向 下

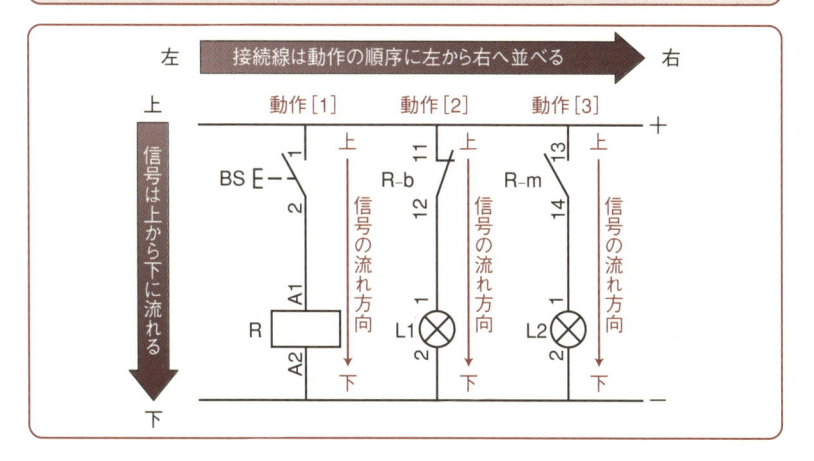

横書きシーケンス図（例：電磁リレーの制御回路）

左 ← 信号は左から右に流れる → 右

上 ↓ 接続線は動作順序に上下に並べる ↓ 下

動作[1]　左 — 信号の流れ方向 → 右　BS　1／2　R　A1　A2
動作[2]　左 — 信号の流れ方向 → 右　R-b　11／12　L1　1⊗2
動作[3]　左 — 信号の流れ方向 → 右　R-m　13／14　L2　1⊗2

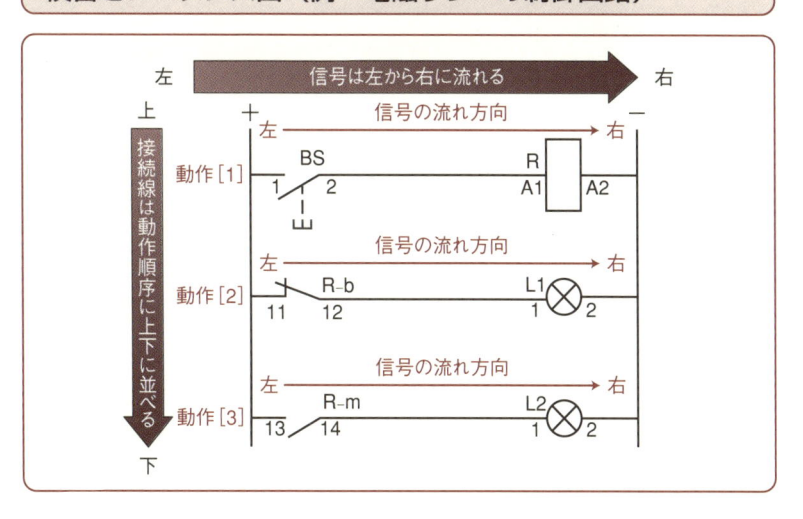

# 37 シーケンス図の位置の表示方式

"区分参照方式"による表示の仕方 ーマトリックス表示ー

■シーケンス図は、電磁リレー、電磁接触器、サーマルリレーなどの接点の記号を異なる接続線に分割表示するので、その位置参照方式に**"区分参照方式"**があります。

■区分参照方式とは、シーケンス図面上の位置を文字(アルファベット大文字)で区分した**"縦の行"**と、数字で区分した**"横の列"**の組合せゾーンによって表示する方式をいいます。番号付けの方向は、表題欄の反対のシートの隅から開始します。

■区分けの数は、2で除した値(偶数)としますが、当該の製図の複雑性に関連して選択するようにします。区分を構成する方形の側のいずれの長さも25mm以上、75mm未満とします。

接点位置は"文字表現ー数字表現"で表示する

■シーケンス図に記載されている電磁リレー、電磁接触器の接点の記号を、区分参照方式で表示する方法としては、**"文字表現ー数字表現"**でその位置を指示することができます。

■次ページ下段のシーケンス図を例とし、その表示方法を説明します。

- 電磁リレーR1のR1-m接点は、文字表現:縦行の"B"と数字表現:列行の"4"の位置に記載してあるので"B4"と表示します。
- 電磁リレーR2のR2-b接点は、文字表現:縦行の"B"と数字表現:列行の"5"の位置に記載してあるので"B5"と表示します。
- 電磁リレーR1のコイルの下欄に、接点R1-mを"B4"、電磁リレーR2のコイルの下欄に、接点R2-bを"B5"と位置を記載します。

シーケンス図の位置の表示方式

シーケンス図の"区分参照方式"

"区分参照方式"のシステム －様式例－

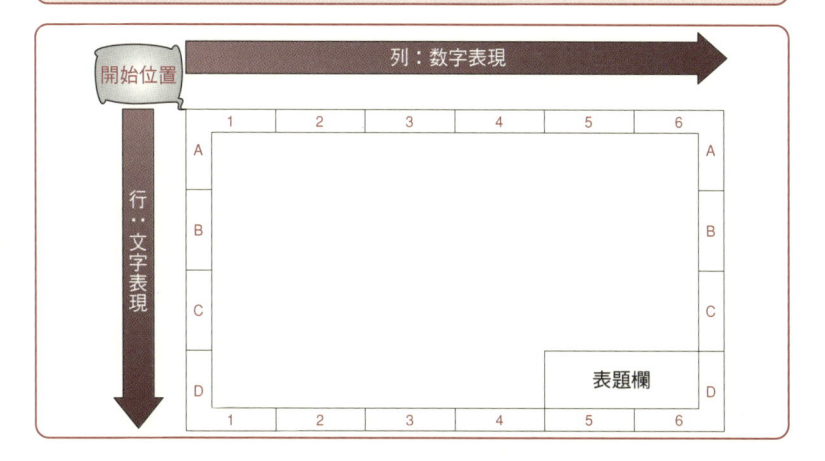

開始位置

列：数字表現

行：文字表現

"区分参照方式"による接点位置表示例

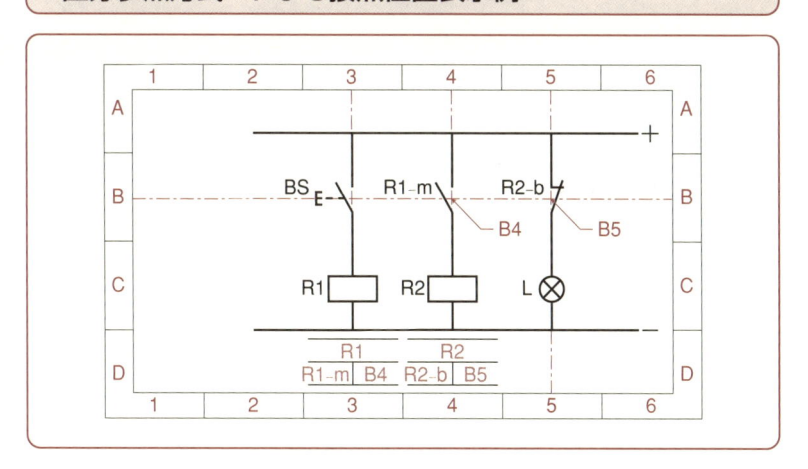

38 シーケンス図の制御電源母線の表し方

制御電源には"直流電源"と"交流電源"がある

■シーケンス制御回路の制御機構を稼働するための電気エネルギーの供給源を"**制御電源**"といい、"**直流電源**"と"**交流電源**"があります。

■一般に、直流電源としては、**電池**が用いられます。
- 電池には、マンガン電池、アルカリ電池、リチウム電池などの乾電池と鉛蓄電池、ニッケル・カドミウム蓄電池などの**蓄電池**があります。
- 最近では、太陽光で発電する**太陽電池**、燃料を燃焼させながら電気を取り出す**燃料電池**があります。

■一般に、交流電源としては、電力会社から供給される商用電源である100V、200Vが使用されます。
- 100Vは、屋内の電灯配線のコンセントから得られます。

直流制御電源母線・交流制御電源母線の表示

■シーケンス図では、制御電源をいちいち電源の電気用図記号を用いて表さず、適宜の間隔を持った上下の横線（縦書きシーケンス図）または左右の縦線（横書きシーケンス図）で示す"**制御電源母線**"として示し、電源記号は回路分岐とは反対側に表示します。

■直流制御電源母線は、縦書きでは正極（＋）を上方、負極（－）を下方に横線で示し、横書きでは正極（＋）を左方、負極（－）を右方に縦線で示し、その電源記号を表示します。

■交流制御電源母線は、縦書きでは、R、SまたはT相を表す2線を上方および下方に横線で示し、横書きでは、R、SまたはT相を表す2線を左方および右方に縦線で示し、その電源記号を表示します。

シーケンス図の制御電源母線の表記例

直流制御電源母線の表記例（例：ランプ点滅回路）

縦書きシーケンス図

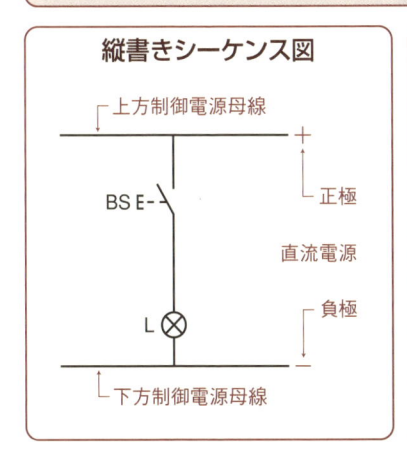

上方制御電源母線
＋ 正極
直流電源
－ 負極
下方制御電源母線
BS E
L

横書きシーケンス図

左方制御電源母線
右方制御電源母線
BS E
L
直流電源
＋ 正極
－ 負極

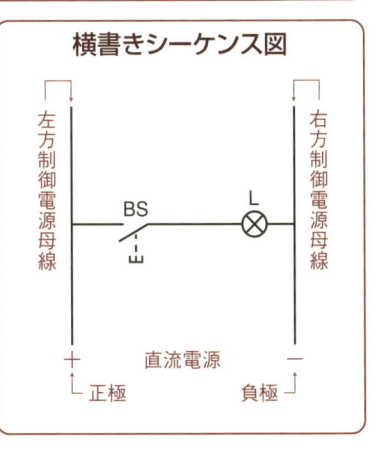

交流制御電源母線の表記例（例：ランプ点滅回路）

縦書きシーケンス図

上方制御電源母線
R R相
交流電源
S相 S
下方制御電源母線
BS E
L

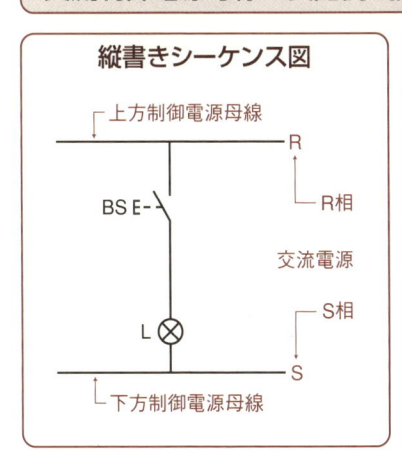

横書きシーケンス図

左方制御電源母線
右方制御電源母線
BS E
L
交流電源
R R相
S S相

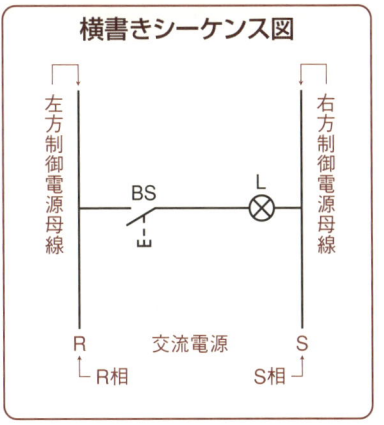

39 シーケンス図の接続線の表し方

接続線は水平・垂直に表示する

- シーケンス図における接続線は、"**直線**"で、交差はできるだけ少なくし、"**水平**"または"**垂直**"に表示します。
- 縦書きシーケンス図では、接続線は制御電源母線の間に、垂直に"**縦線**"で示し、横書きシーケンス図では、接続線は制御電源母線の間に、水平に"**横線**"で示します。
  - 接続線は、縦書きでは上下に往復しないように、横書きでは左右に往復しないように、まっすぐな線で示します。
- シーケンス図における接続線の接続は、"**T-接続**"として表示します。また、T-接続での接続点記号（ ┬ ）は、JIS C 1082（電気技術文書）で用いていないので、本書でも記載していません。

接続線内の機器（接点・コイル）の配列位置

- 接続線内において、操作スイッチ、電磁リレーなどの接点の図記号を記載する位置は、縦書きシーケンス図では上方に、また、横書きシーケンス図では左方の制御電源母線につながるようにします。
- 接続線内において、電磁リレー、電磁接触器、タイマなどのコイルの図記号を記載する位置は、縦書きシーケンス図では下方に、また、横書きシーケンス図では右方の制御電源母線に直接つなげます。
- 接続線内の機器・器具の品目を表す文字記号の位置は、横接続線（横書きシーケンス図）では電気用図記号の上部に、縦接続線（縦書きシーケンス図）では電気用図記号の左部に記載します。これができない場合は、電気用図記号に隣接するいずれかの位置とします。

シーケンス図の接続線の表し方

シーケンス図の接続線の表記例

ベル鳴動制御回路　－接続線：縦線・横線例－

縦書きシーケンス図

（接続点図記号なし）
Ｔ－接続

LS

〈接続線〉
まっすぐな縦線で表現する

接続点図記号

BL

注：LS リミットスイッチ
　　BL ベル

Ｔ－接続
（接続点図記号なし）

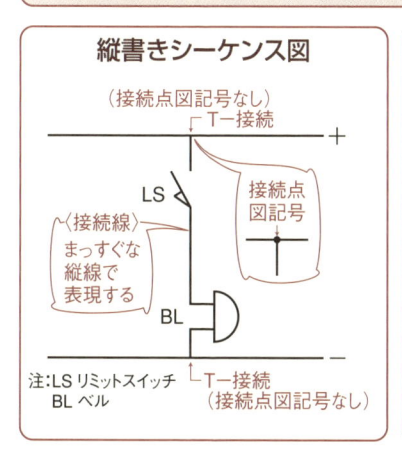

横書きシーケンス図

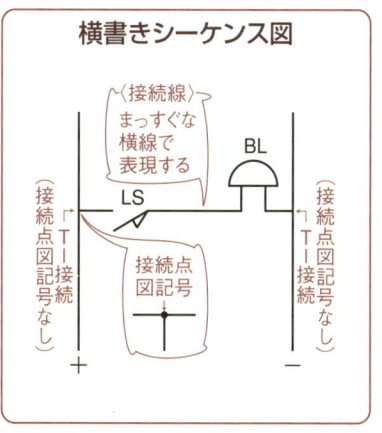

〈接続線〉
まっすぐな横線で表現する

BL

LS

「Ｔ－接続」
接続点図記号なし

接続点図記号

「Ｔ－接続」
接続点図記号なし

接続線内の接点・コイルの配列位置例

縦書きシーケンス図

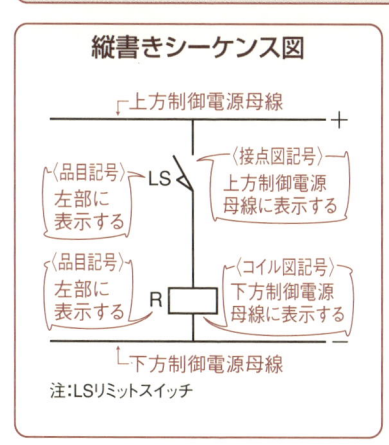

上方制御電源母線

〈品目記号〉
左部に表示する

LS

〈接点図記号〉
上方制御電源母線に表示する

〈品目記号〉
左部に表示する

R

〈コイル図記号〉
下方制御電源母線に表示する

下方制御電源母線

注：LSリミットスイッチ

横書きシーケンス図

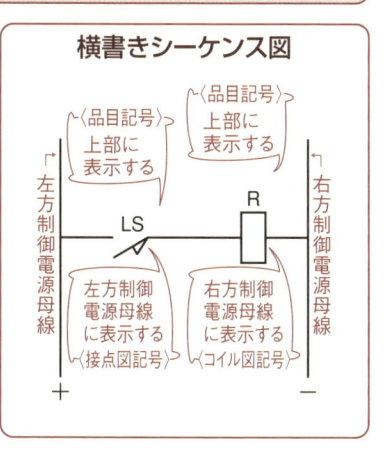

〈品目記号〉
上部に表示する

〈品目記号〉
上部に表示する

左方制御電源母線

LS

R

右方制御電源母線

左方制御電源母線に表示する
〈接点図記号〉

右方制御電源母線に表示する
〈コイル図記号〉

40 シーケンス図の機器状態の表し方

シーケンス図での開閉接点図記号の状態表示

■ボタンスイッチのように手で操作することにより開閉するもの、また、電磁リレー、電磁接触器のように電磁力で開閉するものなど、開閉接点を有する機器は、操作あるいは電源との接続の有無によって、接点の開閉状態が変わります。

■そこで開閉接点を有する機器をシーケンス図に表示する場合の図記号は、機器が休止状態ですべての電源を切り離した状態で示します。
- 手動操作のものは、手を離した状態で示す。
- 電源は、すべて切り離した状態で示す。
- 復帰を要するものは、復帰した状態で示す。
- 制御すべき機器、電気回路が休止の時の状態で示す。

シーケンス図での可動部分のある部品図記号の状態表示

■可動部分のある部品、例えば、接点の図記号は、その位置または状態を次のようにシーケンス図に示します。
- 単安定（1つの状態にしかならないこと）の手動部品または電機部品、例えば、電磁リレー、電磁接触器、電磁ブレーキ、電磁クラッチは非駆動または非通電状態で示します。
- 次ページ下段のように、電磁リレーのコイルに電源が接続されているように描かれていても、電源を切り離した状態、つまり、メーク接点は開いた状態で、ブレーク接点は閉じた状態の図記号で示します。
- 動作説明など、これらの部品を駆動または通電状態で示すと、図面がより理解できる場合は、図面の中でこの状態であることを示します。

シーケンス図の機器状態の表し方

シーケンス図の機器状態の表記例

手動操作のものは手を離した状態で示す

押しボタンスイッチの状態

押さない状態で示すのだョ

電気用図記号の表示

— 例：メーク接点 —

開いている状態

ボタンを押さない状態

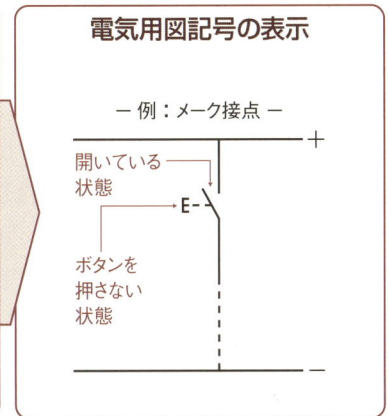

電源はすべて切り離した状態で示す

電磁リレーの状態

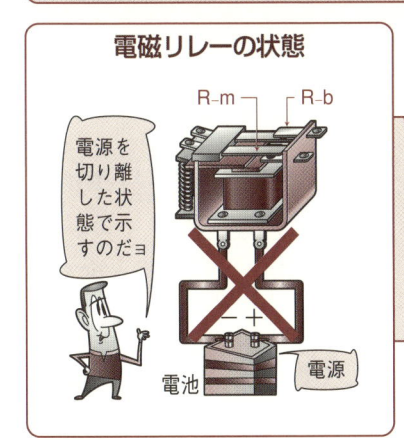

R-m　R-b

電源を切り離した状態で示すのだョ

電池　電源

電気用図記号の表示

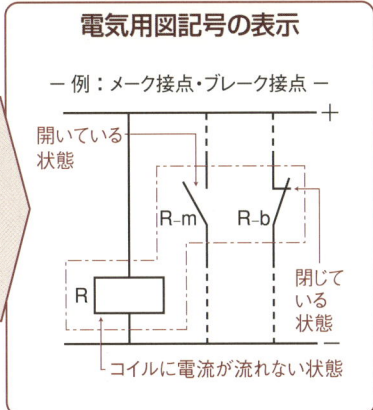

— 例：メーク接点・ブレーク接点 —

開いている状態

R-m　R-b

R

閉じている状態

コイルに電流が流れない状態

41 シーケンス図の様式

シーケンス図の図面の大きさと表題欄記載内容

■ シーケンス図の図面の大きさは、設計内容の複雑さ、CAD（設計プログラムシステム）の要求事項、取扱い、コピーの便宜などを考慮して、適切なサイズをA0、A1、A2、A3、A4から選んで使用することが望ましいです。

■ シーケンス図の表題欄は、それぞれの用紙の下右欄の位置に設けます。表題欄には、図面名称、図面番号、シート番号、変更記録、作成日付、作成者、承認者などを表示するとよいでしょう。
- 図面名称は、制御対象機器・設備名を表示する。
- 図面番号は、原図の保管管理を目的に発番体系に基づき採番する。
- シート番号は、同一図面番号に複数の図面がある場合に表示する。

図面の種類と寸法

種類	寸法（mm）
A0	841×1189
A1	594×841
A2	420×594
A3	297×420
A4	210×297

表題の位置

〈水平用紙〉 → 表題欄

〈垂直用紙〉 → 表題欄

6

ON信号・OFF信号をつくる開閉接点

42 "ON信号"・"OFF信号"で制御する

"ON信号"・"OFF信号"とはどういうものか

■シーケンス制御回路は、"ON"と"OFF"との二つの信号(これを**二値信号**という)によって、制御されています。
- "**ON信号**"とは、シーケンス制御回路上の二つの端子の間が、電気的に"**閉路(ON)**"している状態、つまり、つながっている状態をいいます。
- "**OFF信号**"とは、シーケンス制御回路上の二つの端子の間が、電気的に"**開路(OFF)**"している状態、つまり、離れている状態をいいます。

■シーケンス制御回路では、この閉じているか(ON)、開いているか(OFF)により信号を伝達し、制御を行います。

スイッチは"ON信号"・"OFF信号"を作る

■いま、次ページ上欄に示すように、一つのランプを直流電源である電池の端子に直接接続すると、ランプは赤々と点灯します。
- この場合、ランプを消灯するには、ランプの端子の配線を外さなくてはなりません。

■これでは不便ですので、下欄のように配線をつないだり、外したりする代わりに、シーケンス制御回路を閉(ON)じたり、開(OFF)いたりする制御のための専門の器具として設けたのが**スイッチ**です。
- スイッチを閉(ON)じれば、ランプが点灯し、スイッチを開(OFF)けば、ランプは消灯します。つまり、スイッチの"ON信号"・"OFF信号"により、ランプを制御することができるのです。

"ON信号"・"OFF信号"で制御する

ランプを"ON信号"・"OFF信号"で制御する

ランプを電池に直接つないだ回路 －実体配線図－

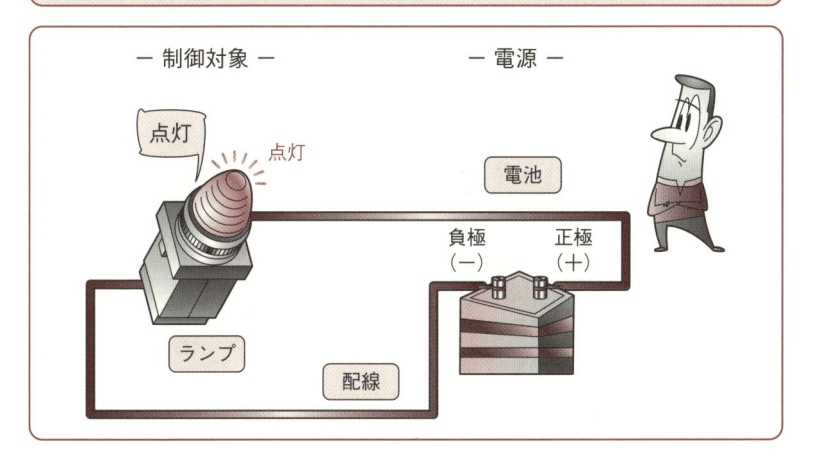

－ 制御対象 －　　　　　　　　　－ 電源 －

点灯
点灯
電池
負極（－）　正極（＋）
ランプ
配線

ランプと電池の間にスイッチを設けた回路 －実体配線図－

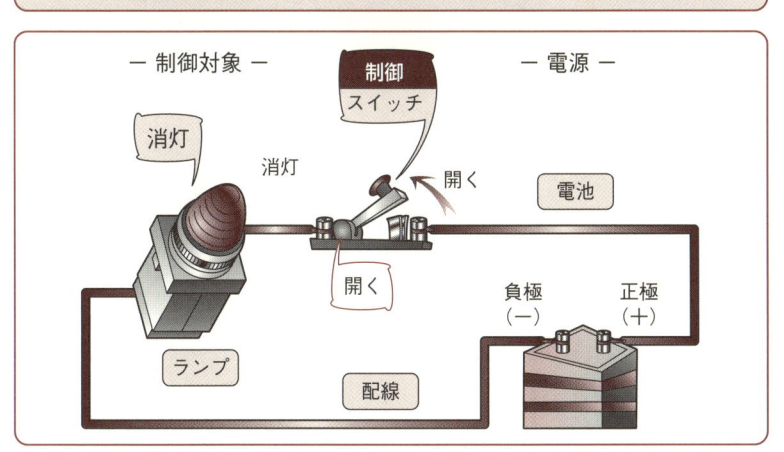

－ 制御対象 －　　制御スイッチ　　－ 電源 －

消灯
消灯
開く
電池
開く
負極（－）　正極（＋）
ランプ
配線

43 押しボタンスイッチのメーク接点の動作

"ON信号"・"OFF信号"を作る開閉接点の種類

■ "ON信号"、"OFF信号"を作り出す代表的な制御機器としては、押しボタンスイッチ、電磁リレーがあります。
- 押しボタンスイッチは人の力（指で押す）により動作し、電磁リレーはコイルに電流を流すことにより発生する電磁力で動作します。

■ 押しボタンスイッチや電磁リレーなどが動作した時の接点の"ON（閉）信号""OFF（開）信号"の出し方に**メーク接点**、**ブレーク接点**、**切換え接点**の三つの種類があります。
- わが国では、これらの接点を"**a接点**""**b接点**""**c接点**"という呼び方が慣用されています。
- **接点**とは、実際に回路を閉じたり、開いたりする部分をいいます。

メーク接点を有する押しボタンスイッチの"ON""OFF"動作

■ **押しボタンスイッチ**は、直接、指によって操作されるボタン機構部と、ボタン機構部から受けた力によって、シーケンス制御回路を"ON（閉）""OFF（開）"する接点機構部から構成されています。

■ メーク接点を有する押しボタンスイッチのボタンを、指先で押すと、その力により、接点機構部の可動接点が下方に移動して、固定接点と接触し閉路（ON動作）します。
- これを、メーク接点が"**動作する**"といいます。

■ ボタンを押す手を離すと、接点機構部の接点戻しばねの力により、自動的に可動接点が上方に移動して、固定接点と離れ、開路（OFF動作）します。これを、メーク接点が"**復帰する**"といいます。

動作図・復帰図 －押しボタンスイッチのメーク接点－

主な開閉接点の種類と呼び名

接点の種類（JIS C 0617）		別の呼び方
メーク接点	・make contact（メーク コンタクト） 動作すると回路をつくる接点	・a 接点 arbeit contact ・常開接点（no接点） normally open contact いつも開いている接点
ブレーク接点	・break contact（ブレーク コンタクト） 動作すると回路を遮断する接点	・b 接点 break contact ・常閉接点（nc接点） normally closed contact いつも閉じている接点
切換え接点	・change-over contact（チェンジ オーバー コンタクト） 動作すると回路を切り換える接点	・c 接点 change-over contact ・ブレーク・メーク接点 break make contact ・トランスファ接点 transfer contact

メーク接点の動作図

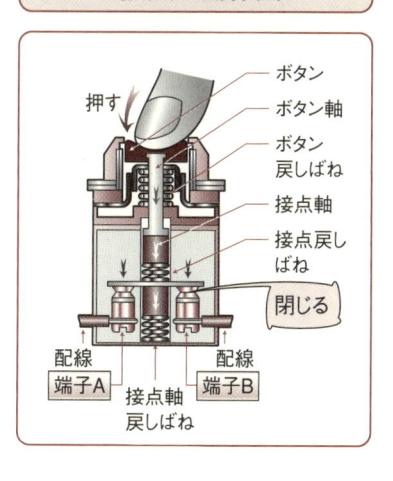

押す／ボタン／ボタン軸／ボタン戻しばね／接点軸／接点戻しばね／閉じる／配線／端子A／接点軸戻しばね／配線／端子B

メーク接点の復帰図

離す／ボタン／ボタン軸／ボタン戻しばね／接点軸／接点戻しばね／開く／配線／端子A／接点軸戻しばね／配線／端子B

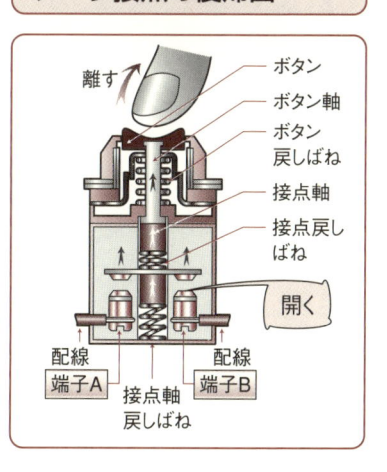

44 押しボタンスイッチのメーク接点回路

押しボタンスイッチのメーク接点回路の"ON動作"

■電池を電源として、メーク接点を有する押しボタンスイッチBSとランプLとを直列に電線でつなぎます(実体配線図参照)。

■この回路において、入力信号としてボタンスイッチBSを押すと、メーク接点が閉じて、出力信号であるランプLが点灯します。

順序①ボタンを押すと、メーク接点BSが閉じる。

②メーク接点BSが閉じると、この部分がつながり、電池の正極(+)から負極(-)に向かって電流が流れる。

③電流がランプLに流れるので、点灯する。

■これをメーク接点の**"ON動作"**といい、機器・設備などの**"始動信号"**として、よく用いられます。

押しボタンスイッチのメーク接点回路の"OFF動作"

■メーク接点回路において、入力信号としてのボタンスイッチBSを押す手を離すと、メーク接点が開いて、出力信号であるランプLが消灯します。

順序①ボタンを押す手を離すと、メーク接点BSが開く。

②メーク接点BSが開くと、この部分が離れ、電池の正極(+)から負極(-)に向かって電流が流れない。

③電流がランプLに流れないので、消灯する。

●これをメーク接点の**"OFF動作"**といいます。

■押しボタンスイッチのように、手で動作させ、ばねの力で自動的に復帰させる接点を**"手動操作自動復帰接点"**といいます。

押しボタンスイッチのメーク接点回路実例

実体配線図 －押しボタンスイッチのメーク接点ランプ回路－

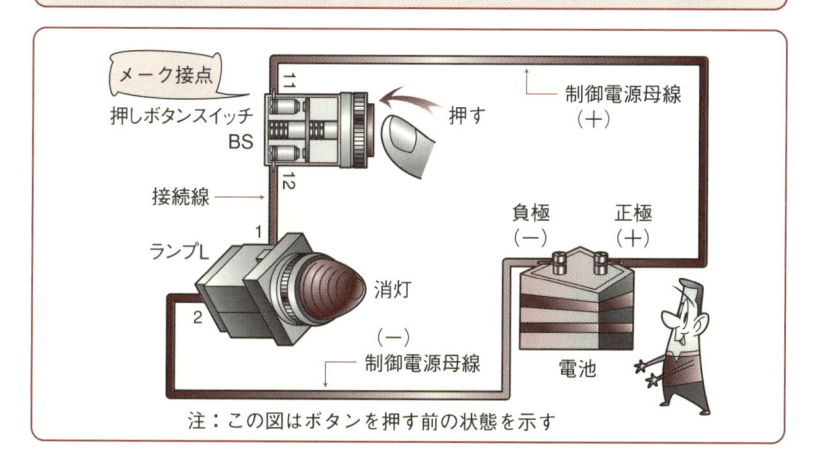

メーク接点
押しボタンスイッチ BS
押す
制御電源母線（＋）
接続線
負極（－）　正極（＋）
ランプL
消灯
（－）制御電源母線
電池

注：この図はボタンを押す前の状態を示す

メーク接点の"ON動作"

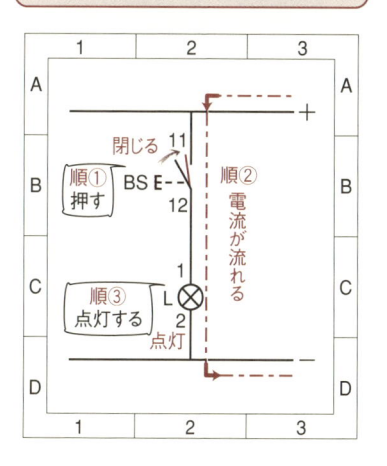

- 閉じる
- 順① 押す
- 順② 電流が流れる
- 順③ 点灯する
- 点灯

メーク接点の"OFF動作"

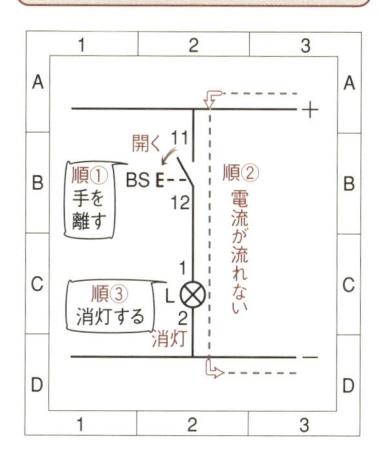

- 開く
- 順① 手を離す
- 順② 電流が流れない
- 順③ 消灯する
- 消灯

45 押しボタンスイッチのブレーク接点の動作

押しボタンスイッチのブレーク接点は押すと"開く(OFF)"

■**押しボタンスイッチのブレーク接点**とは、ボタンに指を触れずに押さない状態（これを"**復帰状態**"という）で、接点機構部の可動接点と固定接点とが接触し閉路（ON状態）している接点をいいます。

■ブレーク接点を有する押しボタンスイッチのボタンを、指先で押すと、その力により、接点機構部の可動接点が下方に移動して、固定接点と離れ開路（OFF状態）します。
- これを、ブレーク接点が"**動作する**"といいます。

■このように、この接点は入力信号がない（押さない）とき、閉じていて、入力信号がある（押す）と、回路を遮断することからbreak contact（回路を遮断する接点）というのです。

押しボタンスイッチのブレーク接点は手を離すと"閉じる(ON)"

■ブレーク接点を有する押しボタンスイッチで、ボタンを押している手を離すと、接点機構部の接点戻しばねの力により、自動的に可動接点が上方に移動して、固定接点と接触し閉路（ON動作）します。
- これを、ブレーク接点が"**復帰する**"といいます。

■押しボタンスイッチのブレーク接点は、入力信号を入れると回路が開き、"OFF動作"することから、機器・設備などの"**停止信号**"として、よく用いられます。

■ブレーク接点の図記号（ ）は、固定接点を示す ┘（鉤状）記号と可動接点を示す斜めの線分を交差させ、両接点が閉（ON）じていることを表します。

押しボタンスイッチのブレーク接点の動作

内部構造図・動作図・復帰図　－ブレーク接点－

押しボタンスイッチのブレーク接点　－内部構造図〔例〕－

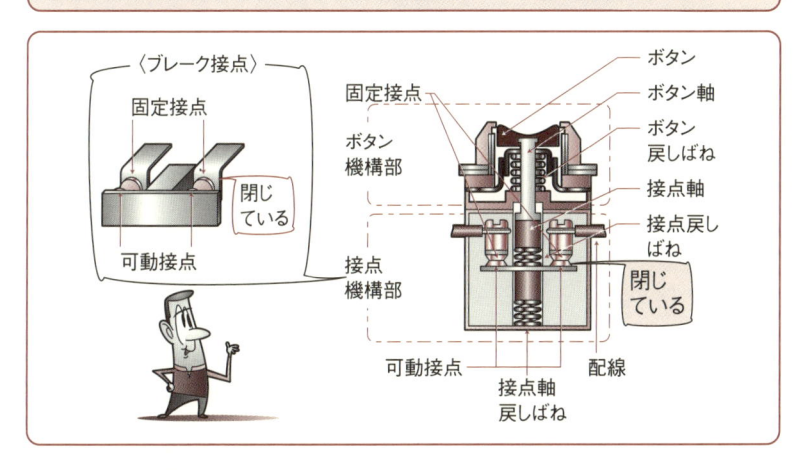

〈ブレーク接点〉
- 固定接点
- 可動接点
- 閉じている

- ボタン
- ボタン軸
- ボタン戻しばね
- 接点軸
- 接点戻しばね
- 閉じている
- 固定接点
- ボタン機構部
- 接点機構部
- 可動接点
- 接点軸戻しばね
- 配線

ブレーク接点の動作図

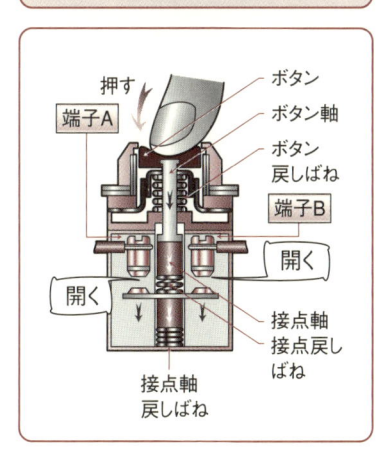

- 押す
- 端子A
- 端子B
- 開く
- 開く
- ボタン
- ボタン軸
- ボタン戻しばね
- 接点軸
- 接点戻しばね
- 接点軸戻しばね

ブレーク接点の復帰図

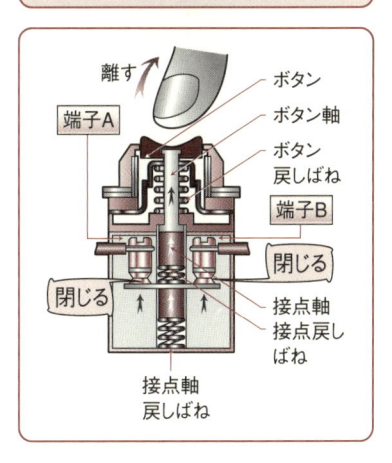

- 離す
- 端子A
- 端子B
- 閉じる
- 閉じる
- ボタン
- ボタン軸
- ボタン戻しばね
- 接点軸
- 接点戻しばね
- 接点軸戻しばね

46 押しボタンスイッチのブレーク接点回路

押しボタンスイッチのブレーク接点回路の"OFF動作"

■電池を電源として、ブレーク接点を有する押しボタンスイッチBSとランプLとを直列に電線でつなぎます（実体配線図参照）。

■この回路において、入力信号として、ボタンスイッチBSを押すと、ブレーク接点が開いて、出力信号であるランプLを消灯します。

順序①ボタンを押すと、ブレーク接点BSが開く。

　　②ブレーク接点BSが開くと、この部分が離れ、電池の正極（＋）から負極（－）に向かって流れていた電流がこの部分で切れ、流れなくなる。

　　③電流がランプLに流れないので、消灯する。

●これを、ブレーク接点の**"OFF動作"**といいます。

押しボタンスイッチのブレーク接点回路の"ON動作"

■ブレーク接点回路において、入力信号としてのボタンスイッチBSを押す手を離すと、ブレーク接点が接点戻しばねの力により戻り閉じて、出力信号であるランプLが点灯します。

順序①ボタンを押す手を離すと、ブレーク接点BSが閉じる。

　　②ブレーク接点BSが閉じると、この部分がつながり、電池の正極（＋）から負極（－）に向かって電流が流れる。

　　③電流がランプLに流れるので、点灯する。

●これをブレーク接点の**"ON動作"**といいます。

■ブレーク接点は、入力信号があると出力信号がなくなり、入力信号がないと出力信号があるので**"論理否定（NOT）回路"**といいます。

押しボタンスイッチのブレーク接点回路実例

実体配線図　－押しボタンスイッチのブレーク接点ランプ回路－

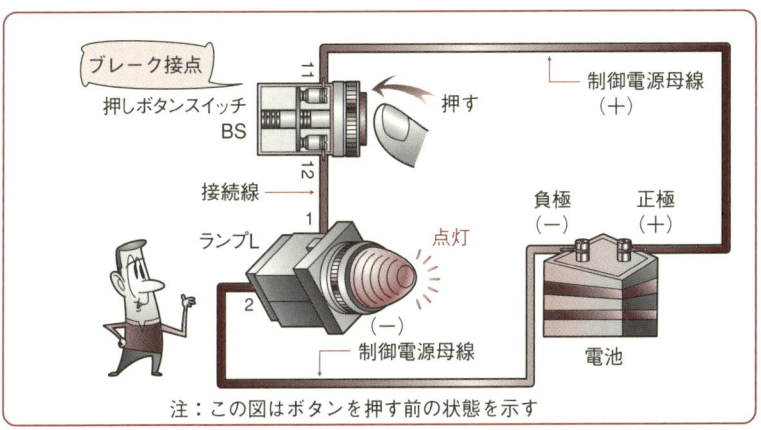

ブレーク接点
押しボタンスイッチ BS
押す
制御電源母線（＋）
接続線
負極（－）　正極（＋）
ランプL
点灯
制御電源母線（－）
電池

注：この図はボタンを押す前の状態を示す

ブレーク接点の"OFF動作"

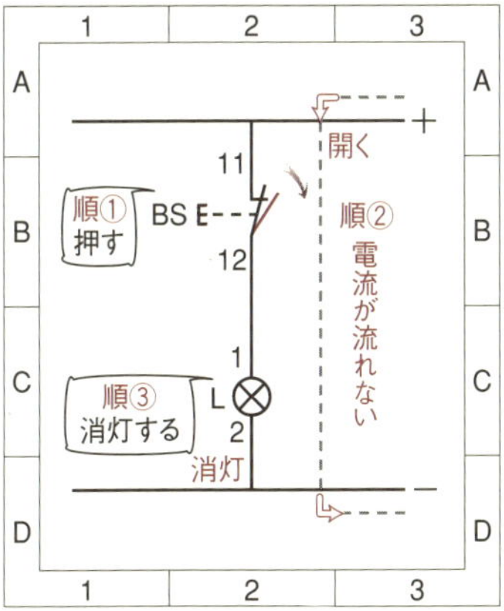

順①　押す
BS E－
11
12
開く
順②　電流が流れない
順③　消灯する
L
消灯

ブレーク接点の"ON動作"

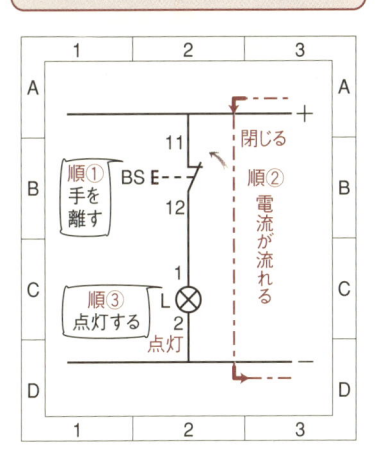

順①　手を離す
BS E－
11
12
閉じる
順②　電流が流れる
順③　点灯する
L
点灯

47 押しボタンスイッチの切換え接点の動作

押しボタンスイッチの切換え接点は押すと出力信号が切り換わる

■**押しボタンスイッチの切換え接点**とは、接続機構部が可動接点を共通としたメーク接点とブレーク接点とが組み合わせてあり、ボタンを押さない状態（復帰状態）で、メーク接点部は開き、ブレーク接点部は閉じている接点をいいます。

■切換え接点を有する押しボタンスイッチのボタンを、指先で押すと（動作状態）、その力により、接続機構部の可動接点が下方に移動して、ブレーク接点部の固定接点と離れて開路（OFF動作）し、また、メーク接点部の固定接点と接触して閉路（ON動作）します。

- このように、切換え接点は入力信号がある（ボタンを押す）と、出力信号であるブレーク接点、メーク接点がともに切り換わります。

押しボタンスイッチの切換え接点は手を離すともとに戻る

■切換え接点を有する押しボタンスイッチで、ボタンを押している手を離すと、接点機構部の接点戻しばねの力により、自動的に可動接点が上方に移動して、メーク接点部の固定接点と離れて開路（OFF動作）し、ブレーク接点部の固定接点と接触して閉路（ON動作）します。

- これで、それぞれの接点が入力信号のない、もとの状態に戻るので、これを切換え接点が"**復帰する**"といいます。

■切換え接点は、別名、"**c接点**"ともいいます。これはchange-over contact、つまり"**切り換わる接点**"の頭文字を小文字の"c"で表したものです。

内部構造図・動作図・復帰図 −切換え接点−

押しボタンスイッチの切換え接点 −内部構造図〔例〕−

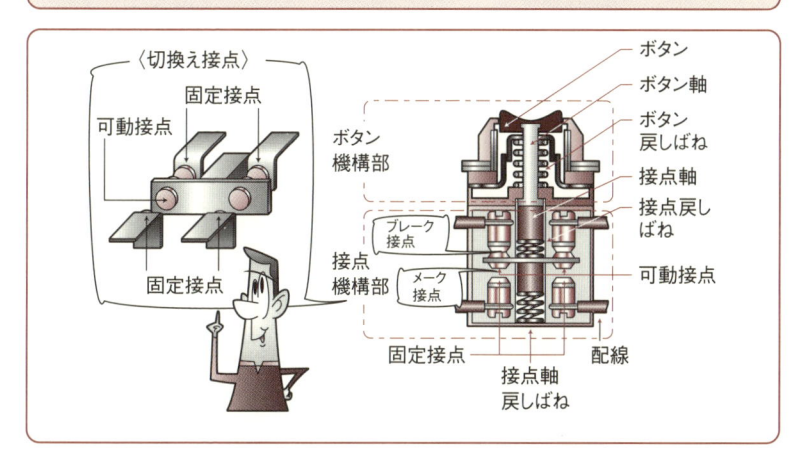

切換え接点の動作図

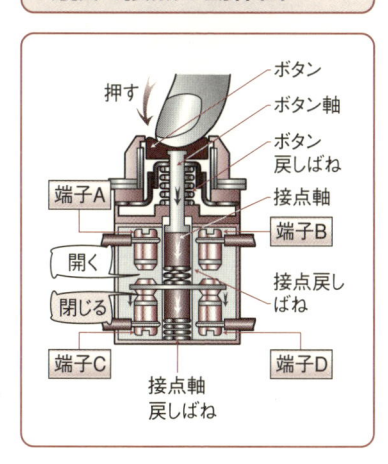

切換え接点の復帰図

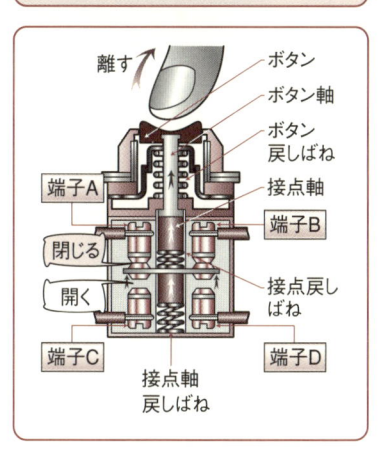

48 押しボタンスイッチの切換え接点回路

押しボタンスイッチの切換え接点回路の"動作"

■電池を電源として、切換え接点を有する押しボタンスイッチBSのメーク接点部に赤ランプRD-Lを、また、ブレーク接点部に緑ランプGN-Lを、それぞれ直列に電線でつなぎます（実体配線図参照）。

■この押しボタンスイッチの切換え接点回路の動作は次のとおりです。

順序①ボタンスイッチBSを押すと、ブレーク接点BS-bが開き、メーク接点BS-mが閉じる。

②BS-bが開くと緑ランプGN-Lに電流が流れず消灯する。

③BS-mが閉じると赤ランプRD-Lに電流が流れて点灯する。

●このように、入力信号としてボタンを押すと、緑ランプが点灯から消灯、赤ランプが消灯から点灯と出力信号が切り換わります。

押しボタンスイッチの切換え接点回路の"復帰"

■切換え接点回路において、入力信号としてのボタンを押す手を離すと、ブレーク接点BS-bが閉じて緑ランプGN-Lが点灯し、メーク接点BS-mが開いて赤ランプRD-Lが消灯して、もとの状態に戻ります。

順序①ボタンを押す手を離すと、ブレーク接点BS-bが閉じ、メーク接点BS-mが開く。

②BS-bが閉じると緑ランプGN-Lに電流が流れ点灯する。

③BS-mが開くと赤ランプRD-Lに電流が流れず消灯する。

●このように、切換え接点が復帰すると、出力信号が切り換わって、入力信号を入れる前の状態、つまり、緑ランプ点灯、赤ランプ消灯の状態に戻ります。

押しボタンスイッチの切換え接点回路実例

実体配線図 －押しボタンスイッチの切換え接点ランプ回路－

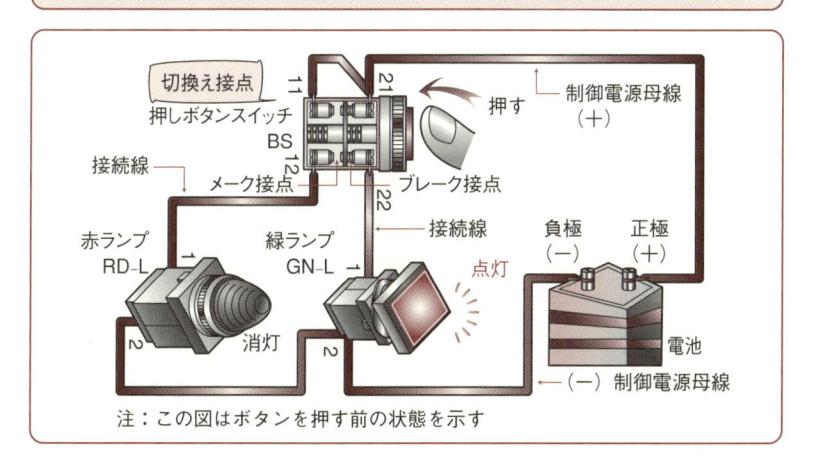

切換え接点
押しボタンスイッチ BS
接続線
メーク接点
ブレーク接点
接続線
制御電源母線（＋）
押す
赤ランプ RD-L
緑ランプ GN-L
消灯
点灯
負極（－）
正極（＋）
電池
（－）制御電源母線

注：この図はボタンを押す前の状態を示す

切換え接点の"動作"

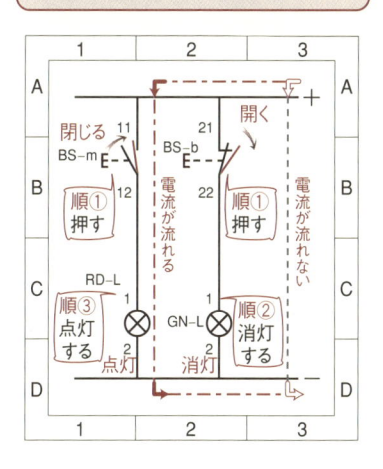

閉じる BS-m
順① 押す
開く BS-b
順① 押す
電流が流れる
電流が流れない
RD-L
順③ 点灯する
点灯
GN-L
順② 消灯する
消灯

切換え接点の"復帰"

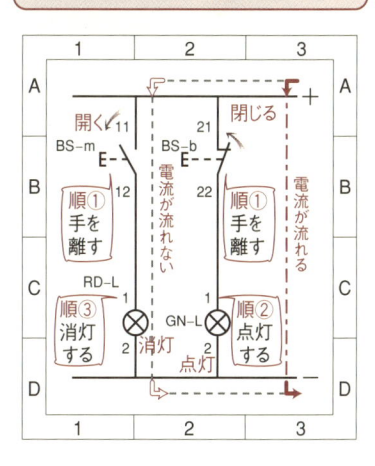

開く BS-m
順① 手を離す
閉じる BS-b
順① 手を離す
電流が流れない
電流が流れる
RD-L
順③ 消灯する
消灯
GN-L
順② 点灯する
点灯

49 電磁リレーのメーク接点の動作

電磁リレーの動作原理

- 棒状の鉄心に電線をグルグル巻いてコイルとします。また、鉄片に可動接点を取り付け、固定接点と組み合わせて接点（メーク接点）を構成し、戻し用のばねを取り付けます（動作原理図参照）。
- 鉄心に巻いたコイルにナイフスイッチを介して、電池をつなぎます。
  - ナイフスイッチKSを閉じると、電池からの電流がコイルに流れるので、棒状鉄心（コイル）は電磁石となります。
  - 棒状鉄心が電磁石になると、鉄片を吸引し、鉄片はその力により、下方に移動します。
  - 鉄片と一緒に可動接点も下に動いて固定接点と接触し閉路します。
  - これが"**電磁リレーの動作原理**"です。

電磁リレーのメーク接点は動作すると"閉じる（ON）"

- 電磁リレーとは、コイルに電流を流したり、流さなかったりすることによる電磁石の力（**電磁力**という）により、可動鉄片を動かし、それに連動して、接点機構を開閉するものをいいます。
  - 電磁石となるコイル部は鉄心と巻枠に巻いたコイルからなります。
  - 回路の開閉を行う接点機構部は、可動接点と固定接点とからなります。
- **電磁リレーのメーク接点**とは、コイルに電流が流れていない状態（復帰状態）で、可動接点と固定接点が離れ開路（OFF状態）しています。コイルに電流を流すと電磁力により、可動接点が固定接点と接触して閉路（ON状態）する接点をいいます。
  - これを電磁リレーのメーク接点が"動作する"といいます。

動作原理図・動作図・復帰図　－メーク接点－

電磁リレーの動作原理図　－メーク接点－

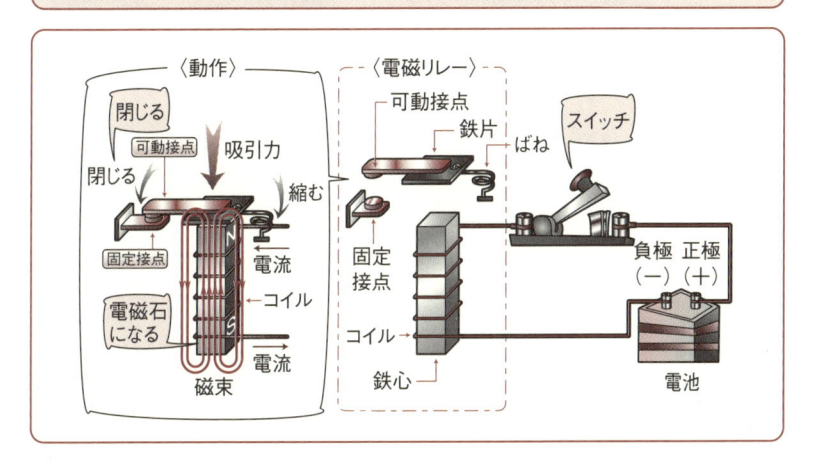

〈動作〉
- 閉じる
- 可動接点
- 閉じる
- 吸引力
- 縮む
- 固定接点
- 電流
- 電磁石になる
- コイル
- 電流
- 磁束

〈電磁リレー〉
- 可動接点
- 鉄片
- ばね
- スイッチ
- 固定接点
- コイル
- 鉄心
- 負極（－）　正極（＋）
- 電池

メーク接点の動作図

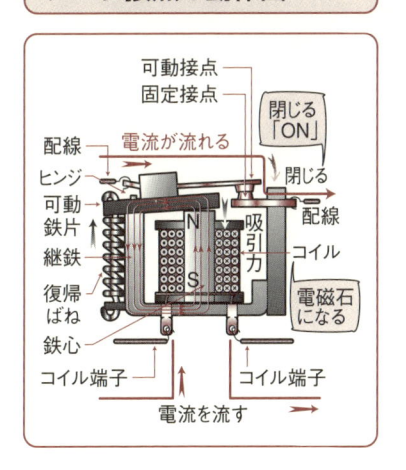

- 可動接点
- 固定接点
- 閉じる「ON」
- 配線
- 電流が流れる
- 閉じる
- ヒンジ
- 可動鉄片
- 配線
- 吸引力
- コイル
- 継鉄
- 電磁石になる
- 復帰ばね
- 鉄心
- コイル端子
- コイル端子
- 電流を流す

メーク接点の復帰図

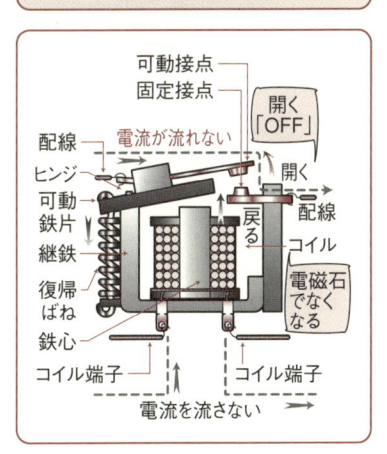

- 可動接点
- 固定接点
- 開く「OFF」
- 配線
- 電流が流れない
- 開く
- ヒンジ
- 可動鉄片
- 戻る
- 配線
- 継鉄
- コイル
- 電磁石でなくなる
- 復帰ばね
- 鉄心
- コイル端子
- コイル端子
- 電流を流さない

50 電磁リレーのメーク接点回路

電磁リレーのメーク接点回路の"ON動作"

■電池を電源として、電磁リレーのメーク接点R-mにランプ Lを、また、電磁リレーのコイルRに押しボタンスイッチBSを、それぞれ直列に電線でつなぎます（実体配線図参照）。

■この電磁リレーのメーク接点回路の動作は、次のとおりです。

順序①ボタンスイッチを押すと、メーク接点BSが閉じる。

②メーク接点BSが閉じると、コイルに電流が流れて、電磁リレーRは動作する。

③電磁リレーRが動作すると、メーク接点R-mが閉じる。

④メーク接点R-mが閉じると、ランプ Lに電流が流れ点灯する。

●これを、電磁リレーのメーク接点の"**ON動作**"といいます。

電磁リレーのメーク接点回路の"OFF動作"

■メーク接点回路の復帰は、次のとおりです。

順序①ボタンを押す手を離すと、メーク接点BSが開く。

②メーク接点BSが開くと、コイルに電流が流れず、電磁リレーRは復帰する。

③電磁リレーRが復帰すると、メーク接点R-mが開く。

④メーク接点R-mが開くと、ランプ Lに電流が流れず消灯する。

●これを、電磁リレーのメーク接点の"**OFF動作**"といいます。

■電磁リレーのメーク接点回路は、入力信号である（ボタンを押す）と、"ON動作"で出力信号が得られる（ランプが点灯する）ことから、機器・設備の"**始動信号**"として、よく用いられます。

電磁リレーのメーク接点回路実例

実体配線図 －電磁リレーのメーク接点ランプ回路－

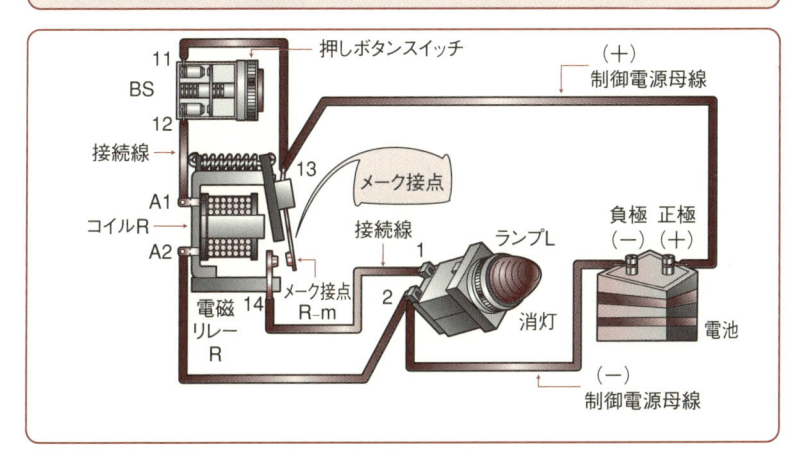

- 押しボタンスイッチ
- BS 11, 12
- 接続線
- コイルR (A1, A2)
- 電磁リレーR
- メーク接点 13
- メーク接点 R-m 14
- 接続線 1, 2
- ランプL 消灯
- 負極(－) 正極(＋)
- 電池
- (＋) 制御電源母線
- (－) 制御電源母線

メーク接点の"ON動作"

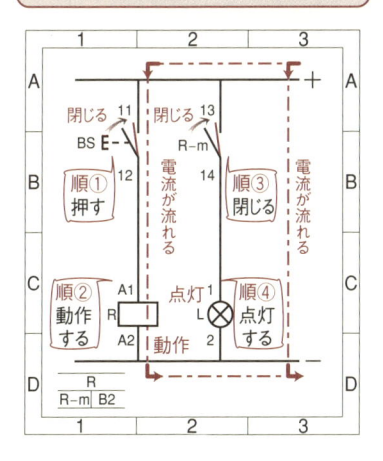

- 順① 押す／閉じる 11 BS
- 電流が流れる
- 閉じる 13 R-m
- 順③ 閉じる 14
- 電流が流れる
- 順② 動作する A1 R A2 動作
- 点灯 L 2
- 順④ 点灯する

表：
R	
R-m	B2

メーク接点の"OFF動作"

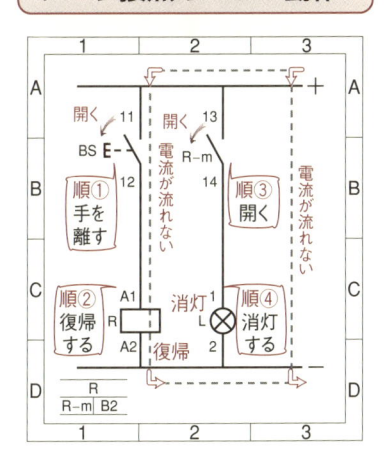

- 順① 手を離す／開く 11 BS
- 電流が流れない
- 開く 13 R-m
- 順③ 開く 14
- 電流が流れない
- 順② 復帰する A1 R A2 復帰
- 消灯 L
- 順④ 消灯する

6 ON信号・OFF信号をつくる開閉接点

51 電磁リレーのブレーク接点の動作

電磁リレーのブレーク接点は動作すると"開く（OFF）"

■**電磁リレーのブレーク接点**とは、電磁リレーのコイルに電流が流れていない状態（復帰状態）では、可動接点と固定接点とが接触していて閉路（ON状態）しています。

■ブレーク接点を有する電磁リレーのコイルに電流を流すと、鉄心と継鉄および可動鉄片とで、磁気回路を形成して磁束が通り、電磁石となります。

- 鉄心が電磁石になると可動鉄片が吸引され下方向に力を受けます。
- 可動鉄片と一体になっている可動接点も下向きに動いて、固定接点と離れ開路（OFF動作）します。
- これを、電磁リレーのブレーク接点が"**動作する**"といいます。

電磁リレーのブレーク接点は復帰すると"閉じる（ON）"

■ブレーク接点を有する電磁リレーで、コイルに流れている電流を切ると、鉄心は電磁石でなくなり、可動鉄片を吸引しません。

- 吸引力がなくなると、可動鉄片はヒンジを支点として、復帰ばねが縮んで、もとに戻る力により、上方向に動きます。
- 可動鉄片と一体になっている可動接点も上向きに動いて、固定接点と接触し閉路（ON動作）します。
- これを、電磁リレーのブレーク接点が"**復帰する**"といいます。

■電磁リレーの接点のように、電磁石の力（電磁力）で動作しばねの力で自動的に復帰する接点を"**電磁操作自動復帰接点**"といい、電磁リレーがシーケンス制御の主役であるのは、この機能によります。

構造図・動作図・復帰図 －ブレーク接点－

電磁リレーのブレーク接点構造図 －例－

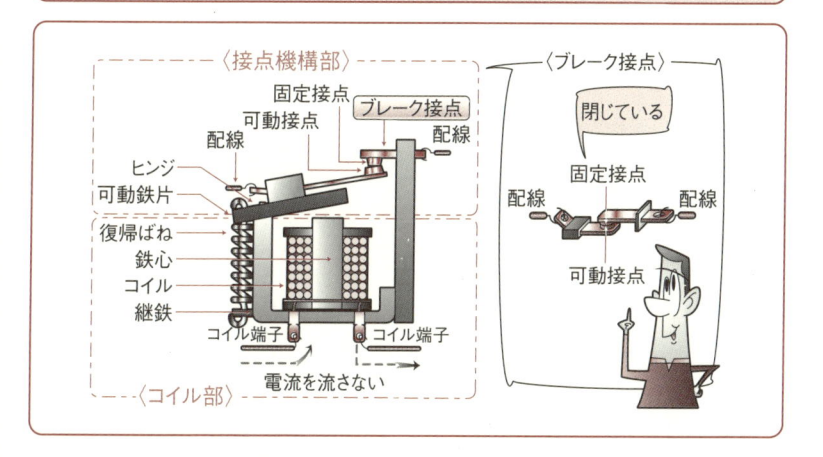

〈接点機構部〉
- 固定接点
- 可動接点
- ブレーク接点
- 配線
- 配線
- ヒンジ
- 可動鉄片
- 復帰ばね
- 鉄心
- コイル
- 継鉄
- コイル端子
- コイル端子
- 電流を流さない

〈コイル部〉

〈ブレーク接点〉
閉じている
- 固定接点
- 配線
- 配線
- 可動接点

ブレーク接点の動作図

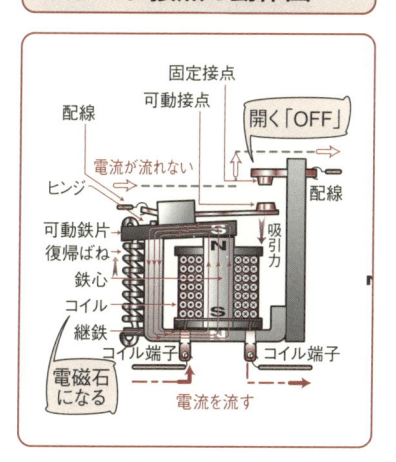

- 配線
- 固定接点
- 可動接点
- 開く「OFF」
- 電流が流れない
- 配線
- ヒンジ
- 可動鉄片
- 復帰ばね
- 吸引力
- 鉄心
- コイル
- 継鉄
- コイル端子
- コイル端子
- 電磁石になる
- 電流を流す

ブレーク接点の復帰図

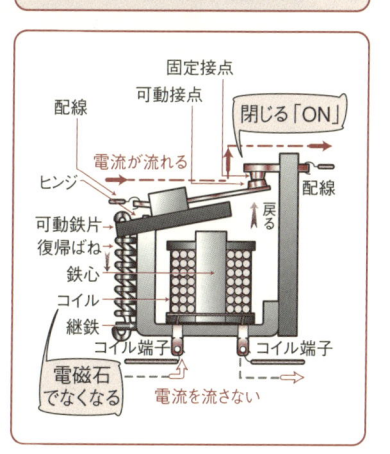

- 配線
- 固定接点
- 可動接点
- 閉じる「ON」
- 電流が流れる
- 配線
- ヒンジ
- 可動鉄片
- 戻る
- 復帰ばね
- 鉄心
- コイル
- 継鉄
- コイル端子
- コイル端子
- 電磁石でなくなる
- 電流を流さない

52 電磁リレーのブレーク接点回路

電磁リレーのブレーク接点の"OFF動作"

■電池を電源として、電磁リレーのブレーク接点R-bにランプLを、また電磁リレーのコイルRに押しボタンスイッチBSを、それぞれ直列に電線でつなぎます（実体配線図参照）。

■この電磁リレーのブレーク接点回路の動作は、次のとおりです。

順序①ボタンスイッチを押すと、メーク接点BSが閉じる。

②メーク接点BSが閉じると、コイルに電流が流れて、電磁リレーRが動作する。

③電磁リレーRが動作すると、ブレーク接点R-bが開く。

④ブレーク接点R-bが開くとランプLに電流が流れず消灯する。

● これを、電磁リレーのブレーク接点の"**OFF動作**"という。

電磁リレーのブレーク接点の"ON動作"

■ブレーク接点回路の復帰は、次のとおりです。

順序①ボタンを押す手を離すと、メーク接点BSが開く。

②メーク接点BSが開くと、コイルに電流が流れず、電磁リレーRは復帰する。

③電磁リレーRが復帰すると、ブレーク接点R-bが閉じる。

④ブレーク接点R-bが閉じると、ランプLに電流が流れ点灯する。

● これを、電磁リレーのブレーク接点の"**ON動作**"といいます。

■電磁リレーのブレーク接点は、入力信号がある（ボタンを押す）と、"OFF動作"の出力信号が得られる（ランプが消灯する）ことから、機器・設備の"**停止信号**"として、よく用いられます。

電磁リレーのブレーク接点回路

電磁リレーのブレーク接点ランプ回路　−例−

実体配線図　−電磁リレーのブレーク接点ランプ回路−

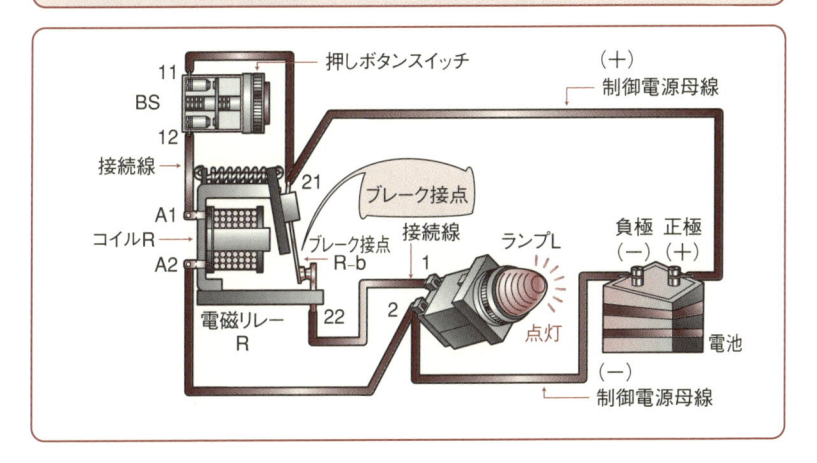

ブレーク接点の"OFF動作"

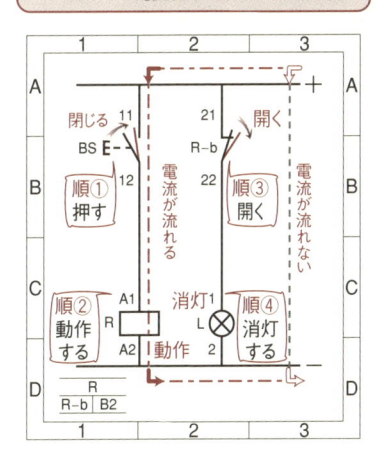

- 閉じる 11　BS E
- 順① 押す　12
- 電流が流れる
- 開く 21　R-b
- 順③ 開く　22
- 電流が流れない
- 順② 動作する　A1 R A2 動作
- 消灯 1 L 2
- 順④ 消灯する

ブレーク接点の"ON動作"

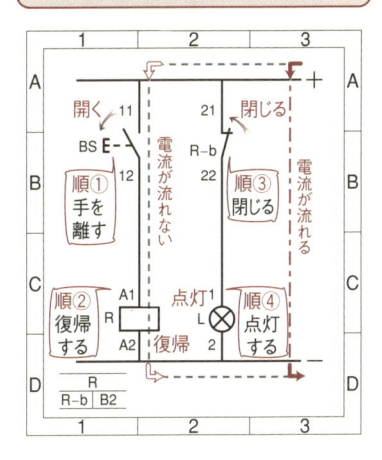

- 開く 11　BS E
- 順① 手を離す　12
- 電流が流れない
- 閉じる 21　R-b
- 順③ 閉じる　22
- 電流が流れる
- 順② 復帰する　A1 R A2 復帰
- 点灯 1 L 2
- 順④ 点灯する

53 電磁リレーの切換え接点の動作

電磁リレーの切換え接点は動作すると出力信号が切り換わる

■**電磁リレーの切換え接点**とは、メーク接点とブレーク接点とが、一つの可動接点を共有して組み合わさった構造の接点をいいます。
  ●電磁リレーのコイルに電流が流れていない状態（復帰状態）では、メーク接点は開路(OFF)し、ブレーク接点は閉路(ON)しています。
■切換え接点を有する電磁リレーのコイルに電流を流すと、鉄心と継鉄、可動鉄片が、磁気回路を形成して磁束が通り電磁石となります。
  ●鉄心が電磁石になると、吸引力により可動鉄片と一体になっている可動接点が下方に力を受け、ブレーク接点R-bは開路（OFF動作）し、メーク接点R-mは閉路（ON動作）して出力信号が切り換わります。

電磁リレーの切換え接点は復帰するともとに戻る

■切換え接点を有する電磁リレーで、コイルに流れている電流を切ると、鉄心は電磁石でなくなり、可動鉄片を吸引しません。
  ●吸引力がなくなると、可動鉄片と一体となっている可動接点が、復帰ばねの縮んでもとに戻る力により自動的に上方に力を受け、メーク接点R-mは開路（OFF動作）し、ブレーク接点R-bは閉路（ON動作）し、もとの状態に戻ります。
■切換え接点を有する電磁リレーのメーク接点回路に赤ランプRD-Lを接続し、ブレーク接点回路に緑ランプGN-Lを接続します。コイル回路に押しボタンスイッチ（メーク接点）BSを接続して、それぞれのランプ回路と並列に、電池とつなぎます（実体配線図参照）。

//電磁リレーの切換え接点の動作

動作図・復帰図・実体配線図

切換え接点の動作図

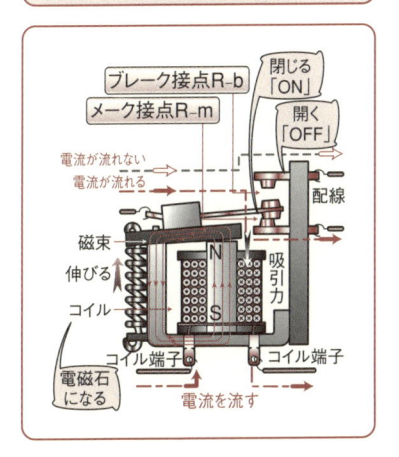

- ブレーク接点R-b　閉じる「ON」
- メーク接点R-m　開く「OFF」
- 電流が流れない
- 電流が流れる
- 配線
- 磁束 伸びる
- コイル
- 吸引力
- コイル端子　コイル端子
- 電磁石になる
- 電流を流す

切換え接点の復帰図

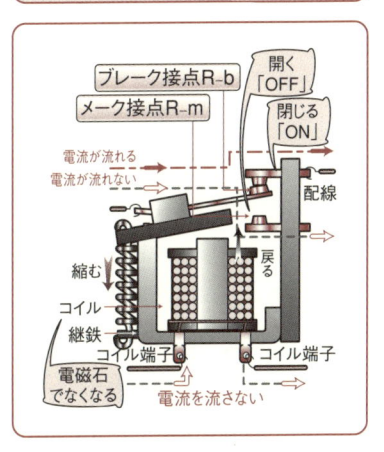

- ブレーク接点R-b　開く「OFF」
- メーク接点R-m　閉じる「ON」
- 電流が流れる
- 電流が流れない
- 配線
- 縮む
- コイル
- 継鉄
- 戻る
- コイル端子　コイル端子
- 電磁石でなくなる
- 電流を流さない

実体配線図　－電磁リレーの切換え接点によるランプ回路－

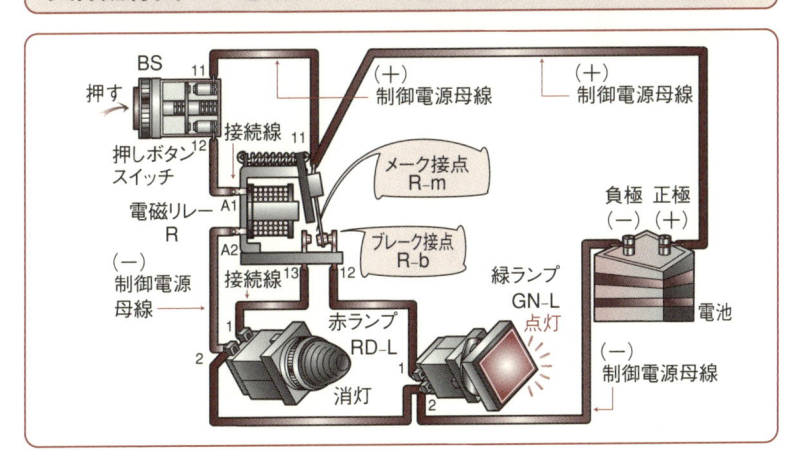

- BS
- 押す
- 押しボタンスイッチ
- 接続線 11
- （＋）制御電源母線
- （＋）制御電源母線
- メーク接点 R-m
- 電磁リレー R　A1 / A2
- ブレーク接点 R-b
- 負極（－）正極（＋）
- （－）制御電源母線
- 接続線 13　12
- 赤ランプ RD-L　消灯
- 緑ランプ GN-L　点灯
- 電池
- （－）制御電源母線

107

54 電磁リレーの切換え接点回路

電磁リレーの切換え接点回路の"動作"

■切換え接点を有する電磁リレーの動作は、次のとおりです。

順序①ボタンを押すと、メーク接点BSが閉じる。

②メーク接点BSが閉じると、コイルに電流が流れて、電磁リレーRは動作する。

③電磁リレーRが動作すると、メーク接点R-mが閉じる。

④電磁リレーRが動作すると、ブレーク接点R-bが開く。

⑤メーク接点R-mが閉じると、赤ランプRD-Lに電流が流れ、点灯する。

⑥ブレーク接点R-bが開くと、緑ランプGN-Lに電流が流れず、消灯する。－それぞれのランプの出力信号が切り換わる－

電磁リレーの切換え接点回路の"復帰"

■切換え接点回路の復帰は、次のとおりです。

順序①ボタンを押す手を離すと、メーク接点BSが開く。

②メーク接点BSが開くと、コイルに電流が流れず、電磁リレーRは復帰する。

③電磁リレーRが復帰すると、メーク接点R-mが開く。

④電磁リレーRが復帰すると、ブレーク接点R-bが閉じる。

⑤メーク接点R-mが開くと、赤ランプRD-Lに電流が流れず、赤ランプは消灯する。

⑥ブレーク接点R-bが閉じると、緑ランプGN-Lに電流が流れ、点灯する。－それぞれのランプの出力信号はもとに戻る－

電磁リレーの切換え接点回路

電磁リレーの切換え接点回路実例

電磁リレーの切換え接点回路の動作図　−動作順序−

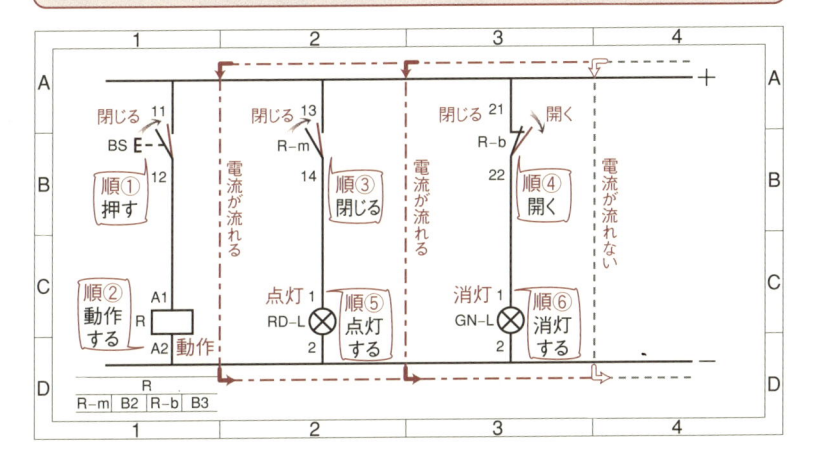

- 閉じる 11　BS
- 順①　押す
- 電流が流れる
- 閉じる 13　R-m　14
- 順③　閉じる
- 電流が流れる
- 閉じる 21　開く　R-b　22
- 順④　開く
- 電流が流れない
- 順②　動作する　A1 R A2　動作
- 点灯　RD-L
- 順⑤　点灯する
- 消灯　GN-L
- 順⑥　消灯する
- R　R-m　B2　R-b　B3

電磁リレーの切換え接点回路の復帰図　−動作順序−

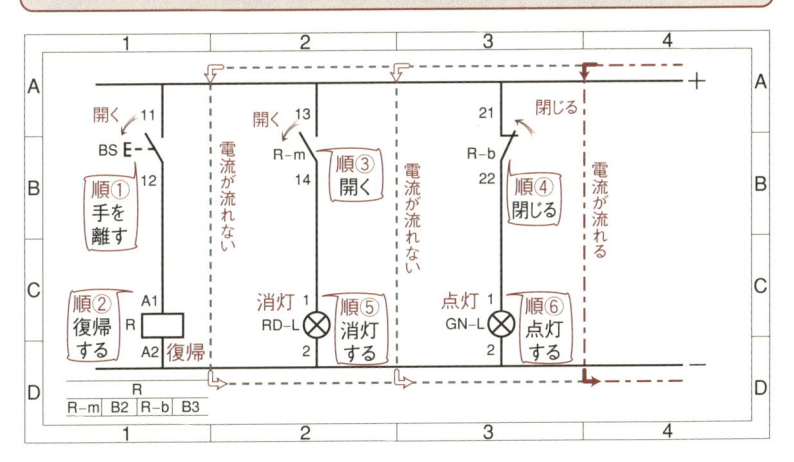

- 開く 11　BS
- 順①　手を離す
- 電流が流れない
- 開く 13　R-m　14
- 順③　開く
- 電流が流れない
- 21　閉じる　R-b　22
- 順④　閉じる
- 電流が流れる
- 順②　復帰する　A1 R A2　復帰
- 消灯　RD-L
- 順⑤　消灯する
- 点灯　GN-L
- 順⑥　点灯する
- R　R-m　B2　R-b　B3

109

6 ON信号・OFF信号をつくる開閉接点

55 電磁リレーの制御機能

信号の分岐

■電磁リレーの入力に対し、出力接点を多くすれば、出力信号が分岐され、同時にいくつもの機器を制御することができます。

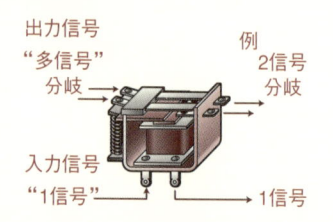

出力信号"多信号"分岐
例 2信号分岐
入力信号"1信号"
1信号

信号の増幅

■電磁リレーのコイルに流れる小さな電流を入・切することにより、出力接点回路で大きな電流を開閉することができます。

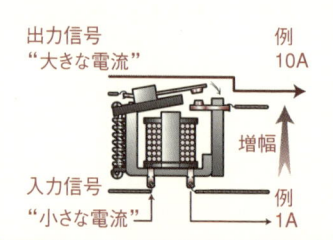

出力信号"大きな電流"
例 10A
増幅
入力信号"小さな電流"
例 1A

信号の変換

■電磁リレーのコイル部と接点部とは、電気的に絶縁されているため、それぞれ異なった性質の信号を取り扱うことができます。

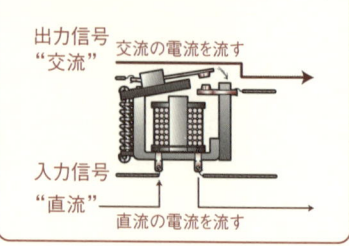

出力信号"交流" 交流の電流を流す
入力信号"直流" 直流の電流を流す

信号の反転

■電磁リレーのブレーク接点を用いて、入力"OFF"で出力"ON"、入力"ON"で出力"OFF"と入力信号と出力信号を反転できます。

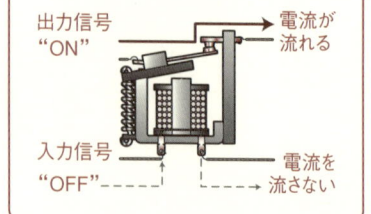

出力信号"ON" 電流が流れる
入力信号"OFF" 電流を流さない

7

制御の基本となる
論理回路

56 「0」信号・「1」信号で制御する論理回路

論理回路とはどういうものか

- "**論理**"とは、人間の思考の進め方や、その結論が正しいかどうかを決めるのに必要な論理学から、一般化したものです。
  - 論理学というと、難しそうですが、一つひとつの事柄を"Yes"か"No"で判断しながら結論に導く方法と思えばよいでしょう。
- この論理学とシーケンス制御とは、次のような関係があります。
  - シーケンス制御では、接点が"閉じている（ON）"のか"開いている（OFF）"のかの二つの信号（これを**2値信号**という）の制御を基本としています。
  - 論理学の"Yes""No"を接点の"**閉**""**開**"に対応させて論理的な考え方をシーケンス制御に適用したのが"**論理回路**"です。

接点の"開"を「0」、"閉"を「1」とする

- 押しボタンスイッチ、電磁リレーなどの開閉接点によるシーケンス制御では、接点の"開（OFF）"を**「0」信号**とし、"閉（ON）"を**「1」信号**としています。
  - ここでいう「0」と「1」は、あくまでも二つの異なった状態を意味する記号であって、普通の代数でいう数字の0と1とは、違う意味をもつことに注意しましょう。
- 基本となる論理回路には、**AND回路、OR回路、NOT回路、NAND回路、NOR回路**などがありますので、順次説明していきます。
  - 論理記号には、"JIS C 0617（電気用図記号）"と米国規格協会（ANSI）が制定した"ANSI Y 32.14"があります。

「0」信号・「1」信号の実例

押しボタンスイッチの「0」信号・「1」信号

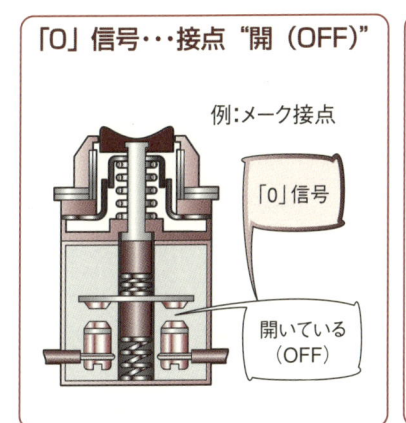

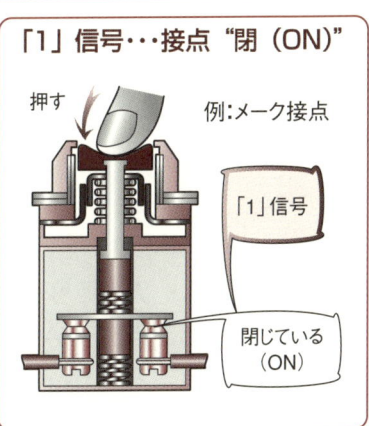

「0」信号···接点 "開（OFF）"

例:メーク接点

「0」信号

開いている（OFF）

「1」信号···接点 "閉（ON）"

押す

例:メーク接点

「1」信号

閉じている（ON）

電磁リレーの「0」信号・「1」信号

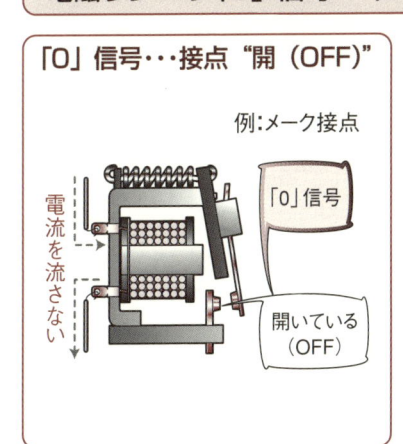

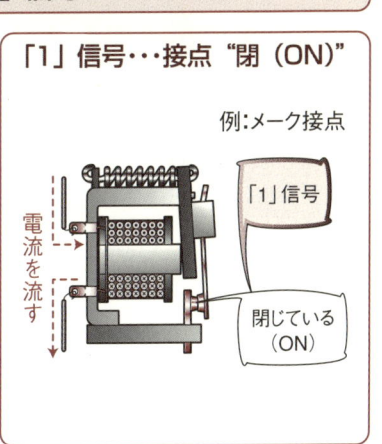

「0」信号···接点 "開（OFF）"

例:メーク接点

電流を流さない

「0」信号

開いている（OFF）

「1」信号···接点 "閉（ON）"

例:メーク接点

電流を流す

「1」信号

閉じている（ON）

57 AND回路 －論理積回路－

すべての入力信号が「1」のとき出力信号が「1」になる

■AND回路とは、例えば二つの入力信号X1、X2があるとき、X1およびX2が両方とも「1」のときだけ、出力信号Aが「1」になる回路をいいます。
- このX1およびX2の"**および**"を英語で"**AND**"ということから、この回路を"**AND（アンド）回路**"といいます。
- 二つの入力信号X1・X2と、出力信号Aの関係を示した表を"**動作表**"といい、入力信号X1とX2の値をかけ算すると、出力信号Aの値になることから、AND回路を"**論理積回路**"ともいいます。

■入力接点として、電磁リレーR1、およびR2のメーク接点を直列に接続した回路を"**電磁リレーによるAND回路**"といいます。

AND回路の動作表とタイムチャート | 論理記号

AND回路の動作表

入力信号	X1	0	1	0	1
	X2	0	0	1	1
出力信号	A	0	0	0	1

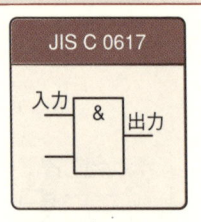

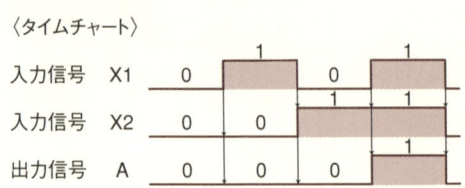

〈タイムチャート〉

入力信号	X1	0	1	0	1
入力信号	X2	0	0	1	1
出力信号	A	0	0	0	1

JIS C 0617: 入力 & 出力

ANSI Y 32.14: 入力 出力

AND回路 −論理積回路−

AND回路の実体配線図・シーケンス図

AND回路の実体配線図 −例−

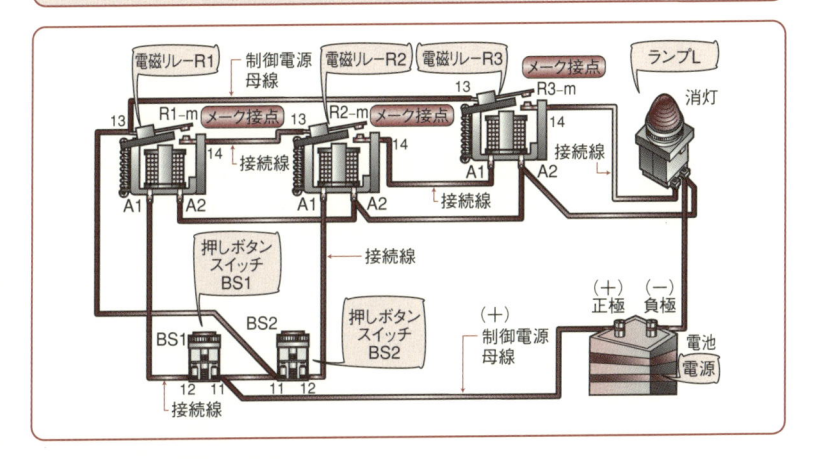

AND回路のシーケンス図 −例−

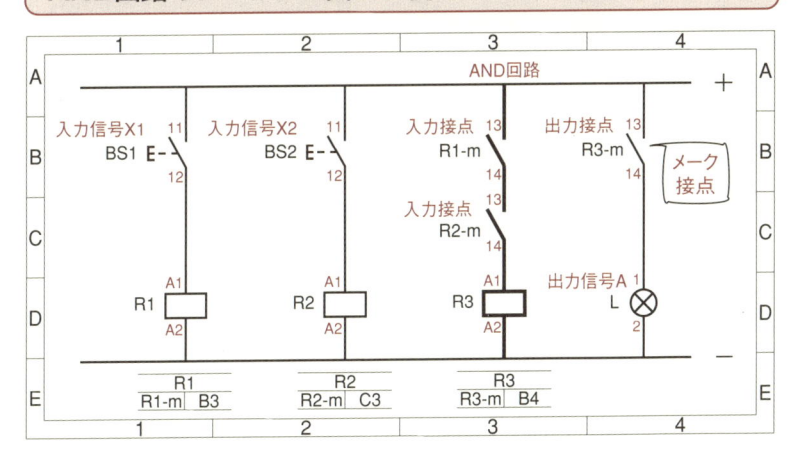

7 | 制御の基本となる論理回路

58 AND回路の動作

入力信号X1「1」・X2「0」‥‥出力信号A「0」

■二つの入力信号、押しボタンスイッチBS1（X1）・BS2（X2）をもつ、電磁リレーによるAND回路には、入力信号の入り方に4通りありますが、そのうちの二つの例について、次に示します。

■**押しボタンスイッチBS1だけを押した（X1「1」）場合の動作**
- 押しボタンスイッチBS1を押す（入力信号X1「1」）と、電磁リレーR1のコイルに電流が流れ動作し、メーク接点R1-mが閉じる。
- 押しボタンスイッチBS2を押さない（入力信号X2「0」）と、電磁リレーR2のコイルに電流が流れず、復帰した状態でメーク接点R2-mが開いているので、電磁リレーR3も復帰している。
- メーク接点R3-mが開で、ランプLは消灯（出力信号A「0」）する。

入力信号X1「1」・X2「1」‥‥‥出力信号A「1」

■**ボタンスイッチBS1（X1）・BS2（X2）両方押した（「1」）場合**

順序 ①BS1を押す（入力信号X1「1」）と、メーク接点BS1が閉じる。
②メーク接点BS1が閉じると、電磁リレーR1が動作する。
③BS2を押す（入力信号X2「1」）と、メーク接点BS2が閉じる。
④メーク接点BS2が閉じると、電磁リレーR2が動作する。
⑤電磁リレーR1が動作すると、メーク接点R1-mが閉じる。
⑥電磁リレーR2が動作すると、メーク接点R2-mが閉じる。
⑦メーク接点R1-m、R2-mが閉で、電磁リレーR3が動作する。
⑧電磁リレーR3が動作すると、メーク接点R3-mが閉じる。
⑨メーク接点R3-m閉で、ランプLは点灯（出力信号A「1」）する。

AND回路の動作

AND回路の動作図実例

入力信号X1「1」・X2「0」、出力信号A「0」の動作図

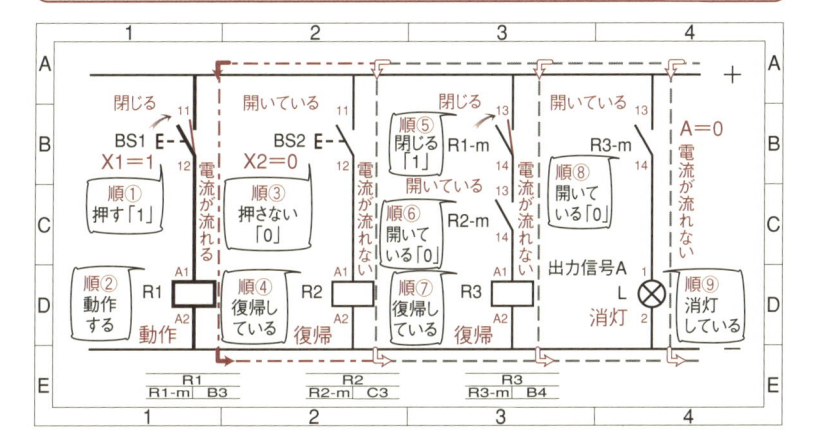

位置	1	2	3	4
B	閉じる BS1 X1=1 順①押す「1」	開いている BS2 X2=0 順③押さない「0」	閉じる 順⑤閉じる「1」 R1-m / 開いている 順⑥開いている「0」 R2-m	開いている R3-m 順⑧開いている「0」 A=0 電流が流れない
	電流が流れる	電流が流れない	電流が流れない	
D	順②動作する R1 動作	順④復帰している R2 復帰	順⑦復帰している R3 復帰	出力信号A L 消灯 順⑨消灯している

接点: R1/R1-m B3, R2/R2-m C3, R3/R3-m B4

入力信号X1「1」・X2「1」、出力信号A「1」の動作図

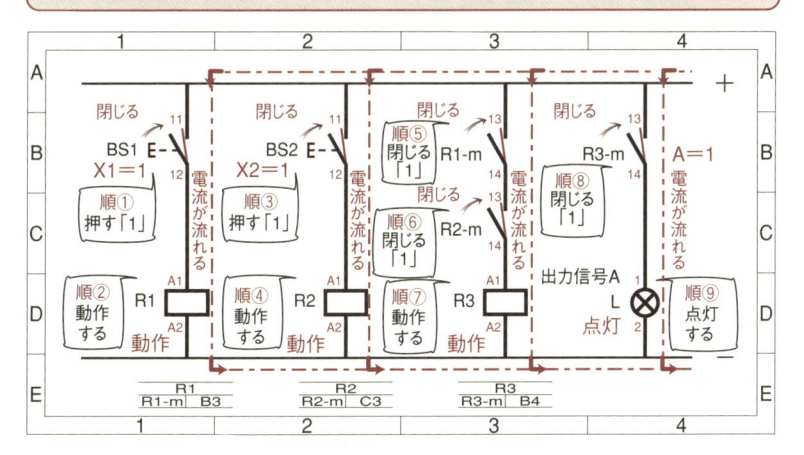

位置	1	2	3	4
B	閉じる BS1 X1=1 順①押す「1」	閉じる BS2 X2=1 順③押す「1」	閉じる 順⑤閉じる「1」R1-m / 閉じる 順⑥閉じる「1」R2-m	閉じる R3-m 順⑧閉じる「1」 A=1 電流が流れる
	電流が流れる	電流が流れる	電流が流れる	
D	順②動作する R1 動作	順④動作する R2 動作	順⑦動作する R3 動作	出力信号A L 点灯 順⑨点灯する

接点: R1/R1-m B3, R2/R2-m C3, R3/R3-m B4

59 OR回路 －論理和回路－

どれか一つの入力信号が「1」のとき出力信号が「1」になる

■OR回路は、例えば二つの入力信号X1、X2があるとき、X1またはX2のどちらか一方、あるいは両方とも「1」のとき、出力信号Aが「1」になる回路をいいます。

- このX1またはX2の"**または**"を英語で"**OR**"ということから、この回路を"**OR（オア）回路**"といいます。
- 二つの入力信号X1・X2と出力信号Aの関係を示した動作表において、入力信号X1とX2の値の和が出力信号Aの値（例：1＋0＝1）になることから、OR回路を"**論理和回路**"ともいいます。

■入力接点として、電磁リレーR1とR2のメーク接点を並列に接続した回路を"**電磁リレーによるOR回路**"といいます。

OR回路の動作表とタイムチャート

OR回路の動作表

入力信号	X1	0	1	0	1
	X2	0	0	1	1
出力信号	A	0	1	1	1

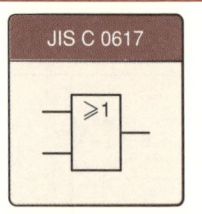

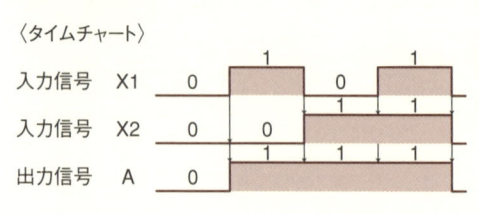

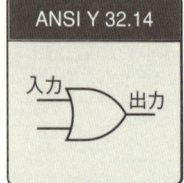

論理記号

JIS C 0617

ANSI Y 32.14

OR回路 －論理和回路－

OR回路の実体配線図・シーケンス図

OR回路の実体配線図　－例－

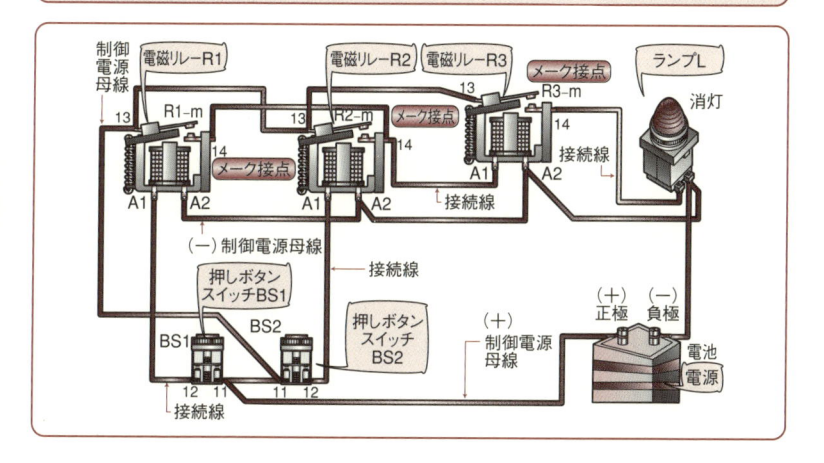

OR回路のシーケンス図－例－

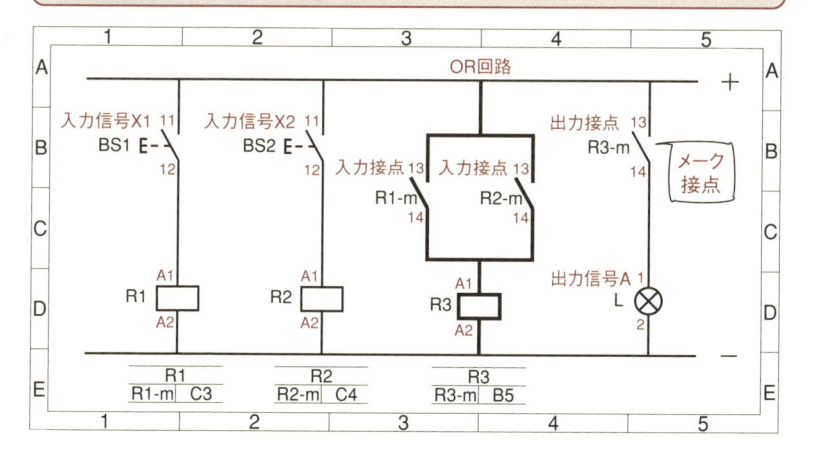

60 OR回路の動作

入力信号X1「1」・X2「0」‥‥出力信号A「1」

■二つの入力信号、押しボタンスイッチBS1（X1）・BS2（X2）をもつ、電磁リレーによるOR回路には、入力信号の入り方に、4通りありますが、そのうちの二つの例について、次に示します。

■**押しボタンスイッチBS1だけを押した（X1「1」）場合の動作**
- 押しボタンスイッチBS1を押す（入力信号X1「1」）と、電磁リレーR1のコイルに電流が流れ動作し、メーク接点R1-mは閉じる。
- 押しボタンスイッチBS2を押さない（入力信号X2「0」）と、電磁リレーR2は復帰したままで、メーク接点R2-mは開いている。
- メーク接点R1-mが閉じていると、電磁リレーR3が動作し、メーク接点R3-mが閉じ、ランプLは点灯（出力信号A「1」）する。

入力信号X1「0」・X2「1」‥‥出力信号A「1」

■**押しボタンスイッチBS2だけを押した（X2「1」）場合の動作**

順序①BS1を押さない（X1「0」）と、メーク接点BS1が開いている。
　　②メーク接点BS1が開いていると、電磁リレーR1が復帰している。
　　③BS2を押す（入力信号X2「1」）と、メーク接点BS2が閉じる。
　　④メーク接点BS2が閉じると、電磁リレーR2が動作する。
　　⑤電磁リレーR1が復帰しているのでメーク接点R1-mが開いている。
　　⑥電磁リレーR2が動作すると、メーク接点R2-mが閉じる。
　　⑦メーク接点R2-mが閉じているので電磁リレーR3が動作する。
　　⑧電磁リレーR3が動作すると、メーク接点R3-mが閉じる。
　　⑨メーク接点R3-m閉で、ランプLは点灯（出力信号A「1」）する。

OR回路の動作図実例

入力信号X1「1」・X2「0」、出力信号A「1」の動作図

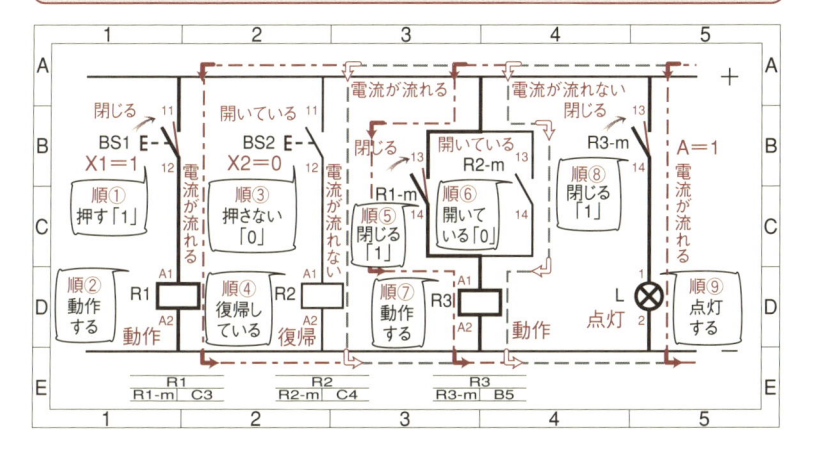

入力信号X1「0」・X2「1」、出力信号A「1」の動作図

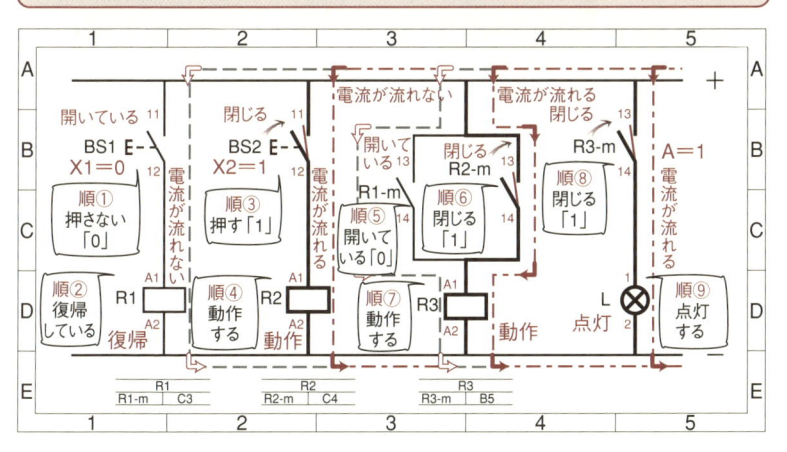

61 NOT回路 －論理否定回路－

入力信号を反転した出力信号となる

■NOT回路とは、入力信号Xが「0」のとき、出力信号Aが「1」となり、逆に入力信号Xが「1」のとき、出力信号が「0」になる回路をいいます。

- この回路は、入力信号に対して反転した出力信号が得られることから、入力に対して出力が否定された形になります。この"**否定**"を英語で"**NOT**"というので"**NOT（ノット）回路**"と呼んでおり、また"**論理否定回路**"ともいいます。

■**電磁リレーによるNOT回路**は、電磁リレーのブレーク接点を出力接点とした回路をいいます。したがって、NOT回路の動作は、52項の電磁リレーのブレーク接点回路と同じですので、説明は省略します。

NOT回路の動作表とタイムチャート | 論理記号

NOT回路の動作表

入力信号	X	0	1
出力信号	A	1	0

信号を反転するんだョ

JIS C 0617

〈タイムチャート〉

入力信号　X
出力信号　A

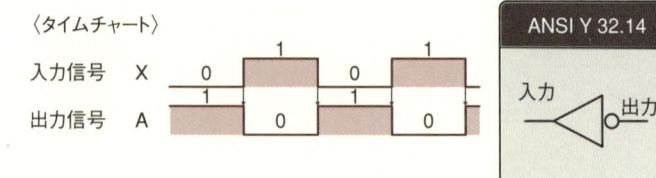

ANSI Y 32.14

NOT回路 －論理否定回路－

NOT回路の実体配線図・シーケンス図

NOT回路の実体配線図　－例－

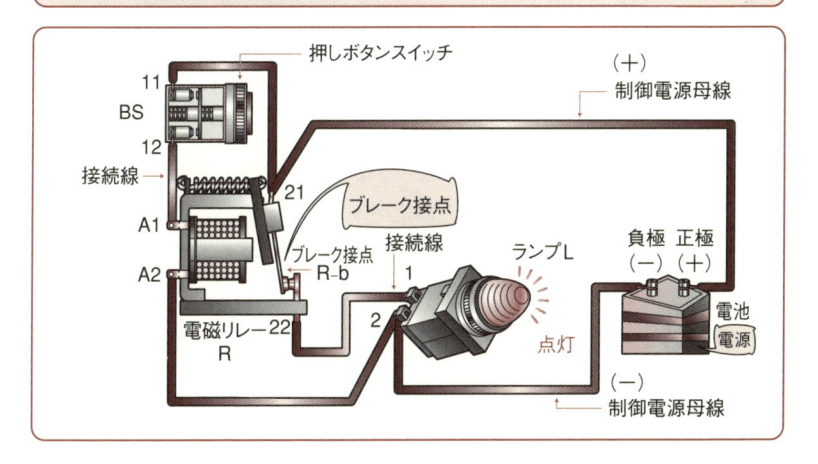

NOT回路のシーケンス図　－例－

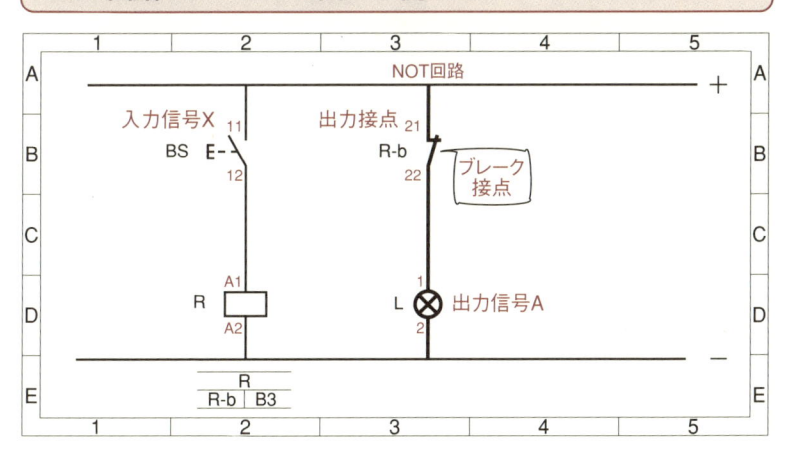

62 NAND回路 －論理積否定回路－

すべての入力信号が「1」のとき出力信号が「0」になる

■NAND回路とは、AND回路の出力を反転させた論理で、例えば二つの入力信号X1、X2があるとき、X1およびX2が両方とも「1」のときだけ、出力信号Aが「0」になる回路をいいます。
- ANDとNOTを組み合わせた回路で、ANDを否定する機能をもっているところから、ANDの前にNをつけて"**NAND（ナンド）回路**"と呼んでおり、また"**論理積否定回路**"ともいいます。

■**電磁リレーによるNAND回路**は、入力接点として、電磁リレーR1のメーク接点R1-mと電磁リレーR2のメーク接点R2-mを直列（AND回路）にして、電磁リレーR3のコイルに接続します。そして、電磁リレーR3のブレーク接点（NOT回路）を出力接点とします。

NAND回路の動作表とタイムチャート

入力信号	X1	0	1	0	1
	X2	0	0	1	1
出力信号	A	1	1	1	0

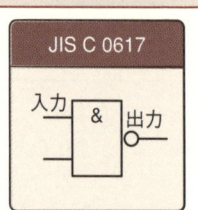

〈タイムチャート〉

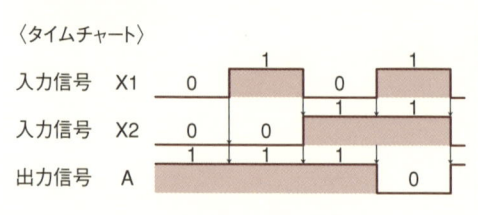

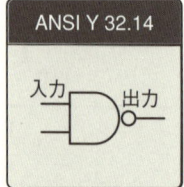

入力信号 X1	0	1	0	1
入力信号 X2	0	0	1	1
出力信号 A	1	1	1	0

論理記号

JIS C 0617

ANSI Y 32.14

NAND回路の実体配線図・シーケンス図

NAND回路の実体配線図 －例－

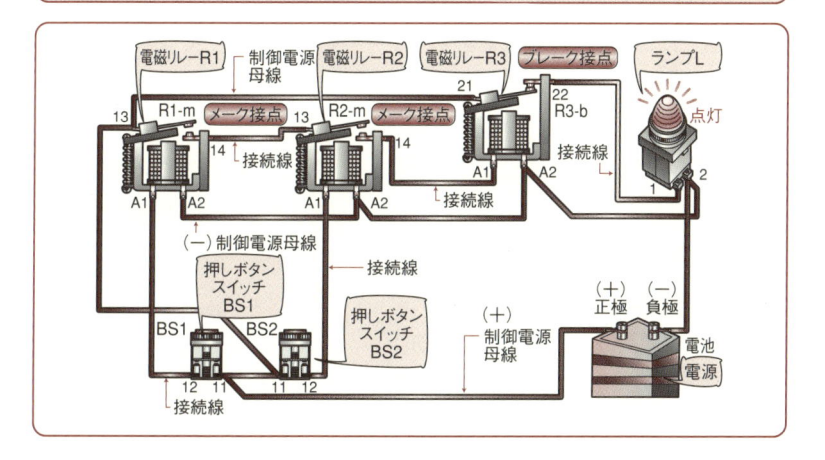

NAND回路のシーケンス図 －例－

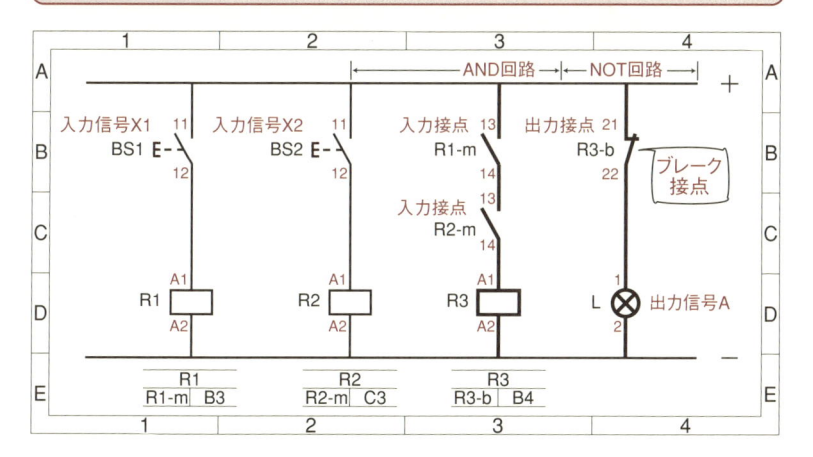

63 NAND回路の動作

入力信号X1「0」・X2「1」‥‥出力信号A「1」

■二つの入力信号、押しボタンスイッチBS1（X1）・BS2（X2）をもつ、電磁リレーによるNAND回路には、入力信号の入り方に4通りありますが、そのうちの二つの例について、次に示します。

■**押しボタンスイッチBS2だけを押した（X2（「1」）場合の動作**

- 押しボタンスイッチBS1を押さない（入力信号X1「0」）と、電磁リレーR1のコイルに電流が流れず復帰し、メーク接点R1-mは開いている。
- 押しボタンスイッチBS2を押す（入力信号X2「1」）と、電磁リレーR2のコイルに電流が流れ動作し、メーク接点R2-mが閉じる。
- メーク接点R1-mが開いているので、電磁リレーR3は復帰状態で、ブレーク接点R3-bの閉で、ランプLは点灯（入力信号A「1」）する。

入力信号X1「1」・X2「1」‥‥出力信号A「0」

■**ボタンスイッチBS1（X1）・BS2（X2）両方押した（「1」）場合**

順序①BS1を押す（入力信号X1「1」）と、メーク接点BS1が閉じる。
②メーク接点BS1が閉じると、電磁リレーR1が動作する。
③BS2を押す（入力信号X2「1」）と、メーク接点BS2が閉じる。
④メーク接点BS2が閉じると、電磁リレーR2が動作する。
⑤電磁リレーR1が動作すると、メーク接点R1-mが閉じる。
⑥電磁リレーR2が動作すると、メーク接点R2-mが閉じる。
⑦メーク接点R1-m、R2-mが閉じるので、電磁リレーR3が動作する。
⑧電磁リレーR3が動作すると、ブレーク接点R3-bが開く。
⑨ブレーク接点R3-b開で、ランプLは消灯（出力信号A「0」）する。

NAND回路の動作図実例

入力信号X1「0」・X2「1」、出力信号A「1」の動作図

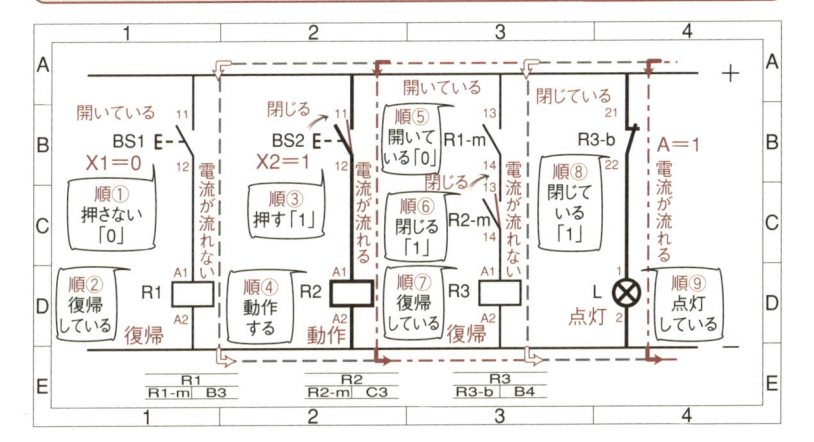

- 開いている
- BS1 X1=0
  - 順① 押さない「0」
  - 順② 復帰している　R1　復帰
- 閉じる
- BS2 X2=1
  - 順③ 押す「1」
  - 順④ 動作する　R2　動作
- 電流が流れる
- 開いている
  - 順⑤ 開いている「0」　R1-m
  - 順⑥ 閉じる「1」　R2-m
  - 順⑦ 復帰している　R3　復帰
- 閉じている
  - 順⑧ 閉じている「1」　R3-b
  - L 点灯
- A=1 電流が流れる
  - 順⑨ 点灯している

入力信号X1「1」・X2「1」、出力信号A「0」の動作図

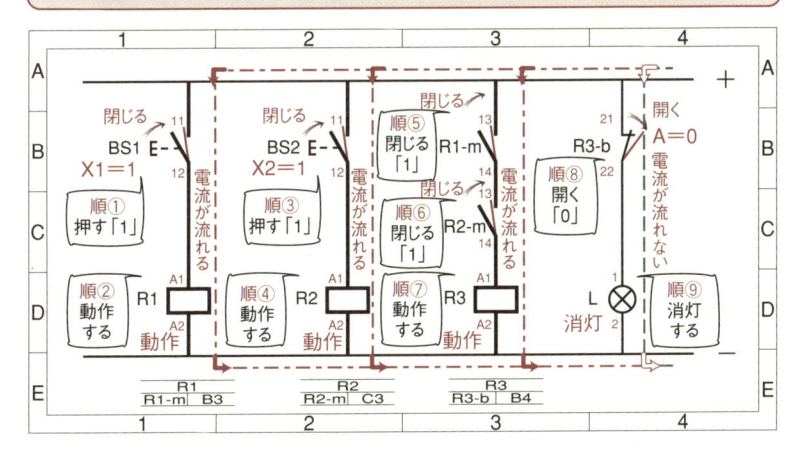

- 閉じる
- BS1 X1=1
  - 順① 押す「1」
  - 順② 動作する　R1　動作
- 閉じる
- BS2 X2=1
  - 順③ 押す「1」
  - 順④ 動作する　R2　動作
- 電流が流れる
- 閉じる
  - 順⑤ 閉じる「1」　R1-m
  - 順⑥ 閉じる「1」　R2-m
  - 順⑦ 動作する　R3　動作
- 開く
  - 順⑧ 開く「0」　R3-b
  - L 消灯
- A=0 電流が流れない
  - 順⑨ 消灯する

64 NOR回路 －論理和否定回路－

どれか一つの入力信号が「1」のとき出力信号が「0」になる

■NOR回路とは、OR回路の出力を反転させた論理で、例えば二つの入力信号X1、X2があるとき、X1またはX2のどちらか一方、あるいは両方とも「1」のとき、出力信号Aが「0」になる回路をいいます。

- ORとNOTを組み合わせた回路で、ORを否定する機能をもっているところから、ORの前にNをつけて"**NOR（ノオア）回路**"と呼んでおり、また"**論理和否定回路**"ともいいます。

■**電磁リレーによるNOR回路**は、入力接点として、電磁リレーR1のメーク接点R1-mと電磁リレーR2のメーク接点R2-mを並列（OR回路）にして、電磁リレーR3のコイルに接続します。そして、電磁リレーR3のブレーク接点（NOT回路）を出力接点とします。

NOR回路の動作表とタイムチャート

NOR回路の動作表

入力信号	X1	0	1	0	1
	X2	0	0	1	1
出力信号	A	1	0	0	0

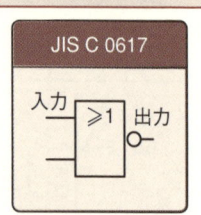

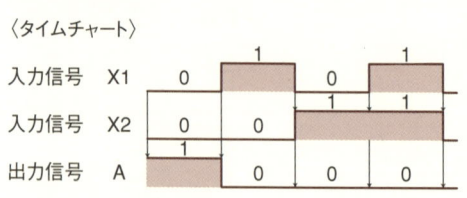

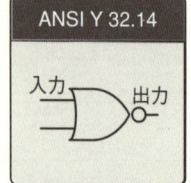

〈タイムチャート〉

入力信号 X1
入力信号 X2
出力信号 A

論理記号

JIS C 0617

ANSI Y 32.14

NOR回路 －論理和否定回路－

NOR回路の実体配線図・シーケンス図

NOR回路の実体配線図 －例－

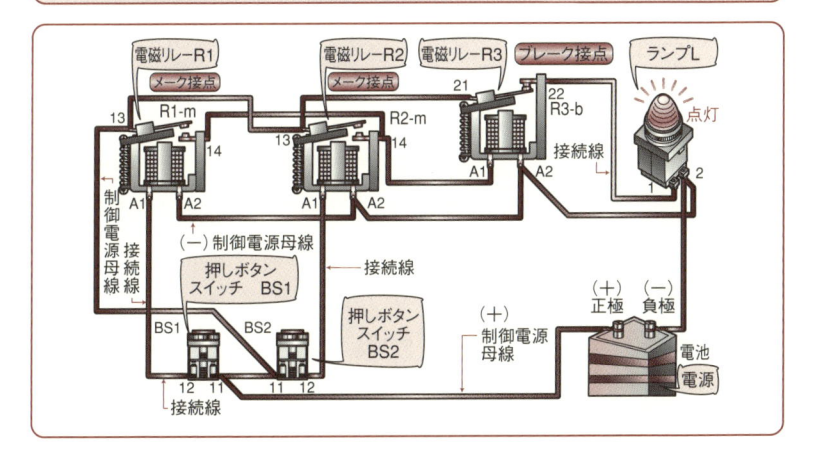

NOR回路のシーケンス図 －例－

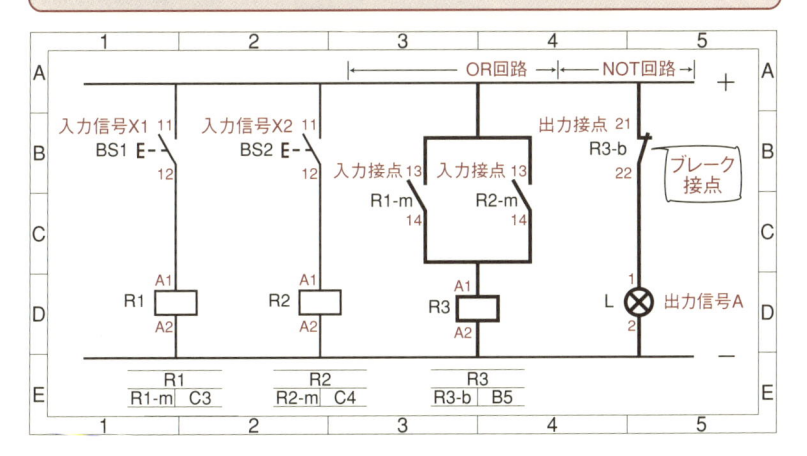

65 NOR回路の動作

入力信号X1「0」・X2「1」‥‥出力信号A「0」

■二つの入力信号、押しボタンスイッチBS1（X1）・BS2（X2）をもつ、電磁リレーによるNOR回路には、入力信号の入り方に4通りありますが、そのうちの二つの例について、次に示します。

■**押しボタンスイッチBS2だけを押した（X2「1」）場合の動作**
- 押しボタンスイッチBS1を押さない（入力信号X1「0」）と、電磁リレーR1は復帰したままで、メーク接点R1-mは開いている。
- 押しボタンスイッチBS2を押す（入力信号X2「1」）と、電磁リレーR2のコイルに電流が流れ動作し、メーク接点R2-mが閉じる。
- メーク接点R2-mが閉じていると、電磁リレーR3が動作し、ブレーク接点R3-bが開き、ランプLは消灯（出力信号A「0」）する。

入力信号X1「1」・X2「0」‥‥出力信号A「0」

■**押しボタンスイッチBS1だけを押した（X1「1」）場合の動作**

順序①BS1を押す（入力信号X1「1」）と、メーク接点BS1が閉じる。
　　②メーク接点BS1が閉じると、電磁リレーR1が動作する。
　　③BS2を押さない（入力信号X2「0」）とメーク接点が開く。
　　④メーク接点BS2が開いていると、電磁リレーR2が復帰している。
　　⑤電磁リレーR1が動作していると、メーク接点R1-mが閉じる。
　　⑥電磁リレーR2が復帰していると、メーク接点R2-mが開いている。
　　⑦メーク接点R1-mが閉じているので、電磁リレーR3が動作する。
　　⑧電磁リレーR3が動作すると、ブレーク接点R3-bが開く。
　　⑨ブレーク接点R3-b開で、ランプLは消灯（出力信号A「0」）する。

NOR回路の動作

NOR回路の動作図実例

入力信号X1「0」・X2「1」、出力信号A「0」の動作図

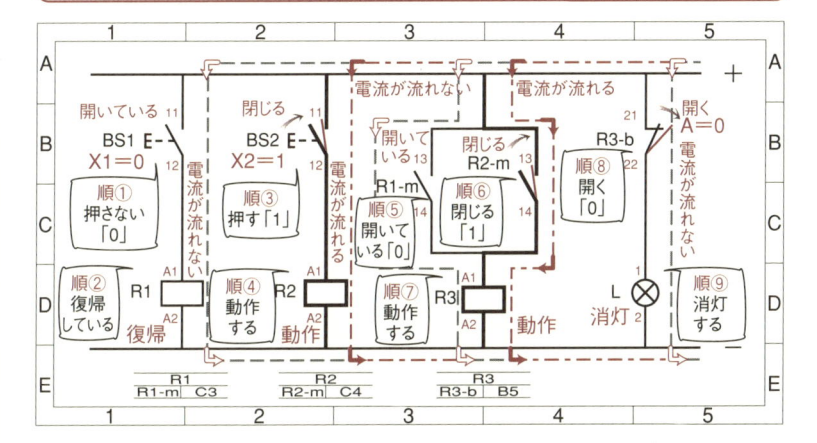

入力信号X1「1」・X2「0」、出力信号A「0」の動作図

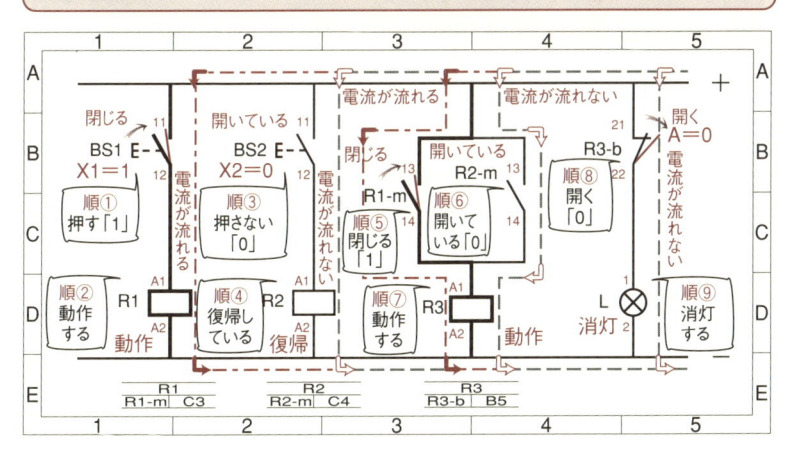

7 制御の基本となる論理回路

66 論理記号の書き方

	機能	JIS C 0617-12	ANSI Y 32.14	
1	AND 論理積	X1, X2 → & → A	X1, X2 → ⟩ → A	1.0 / 0.4R / 0.8 / 0.6
2	OR 論理和	X1, X2 → ≧1 → A	X1, X2 → ⟩ → A	1.0 / 0.8R / 0.8 / 0.3
3	NOT 論理否定	X → 1 →o A	X → ▷o → A	0.7 / 0.7 / 0.7 / 0.15
4	NAND 論理積否定	X1, X2 → & →o A	X1, X2 → ⟩o → A	1.0 / 0.4R / 0.8 / 0.6 / 0.15
5	NOR 論理和否定	X1, X2 → ≧1 →o A	X1, X2 → ⟩o → A	1.0 / 0.8R / 0.8 / 0.3 / 0.15
6	遅延	X → t_1 t_2 → A	X →□→ A	1.0 / 0.17R

8

覚えておくと便利な基本回路

67 禁止回路

禁止入力信号が「1」のときは出力信号は「0」となる

- **禁止回路**とは、AND回路の一つの入力に禁止入力としてNOT回路を組み合わせ、この禁止入力が「1」のときは、他の入力が「1」でも出力が「0」になる回路をいいます。
- 禁止回路は、電磁リレーX1のメーク接点X1-mと電磁リレーX2のブレーク接点X2-bを直列にし、電磁リレーAのコイルに接続し、そのメーク接点A-mを出力接点とした回路をいいます。

禁止回路の動作表					
入力信号	X1	0	1	0	1
禁止入力信号	X2	0	0	1	1
出力信号	A	0	1	0	0

禁止回路のシーケンス図 －例－

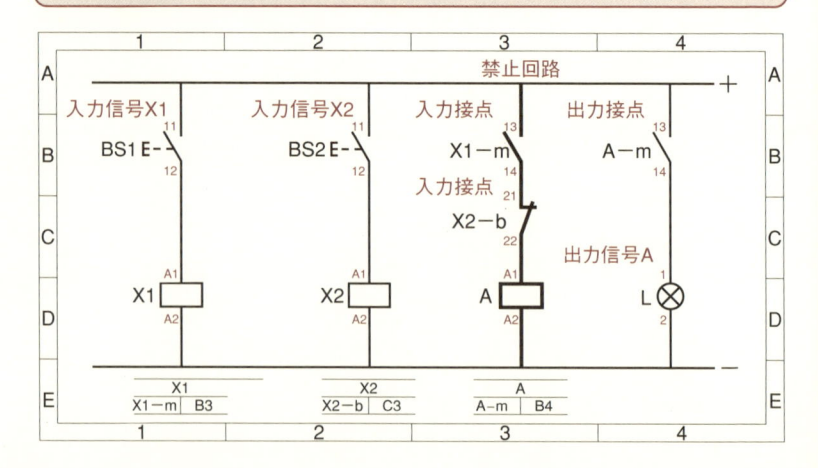

禁止回路

禁止回路の実体配線図

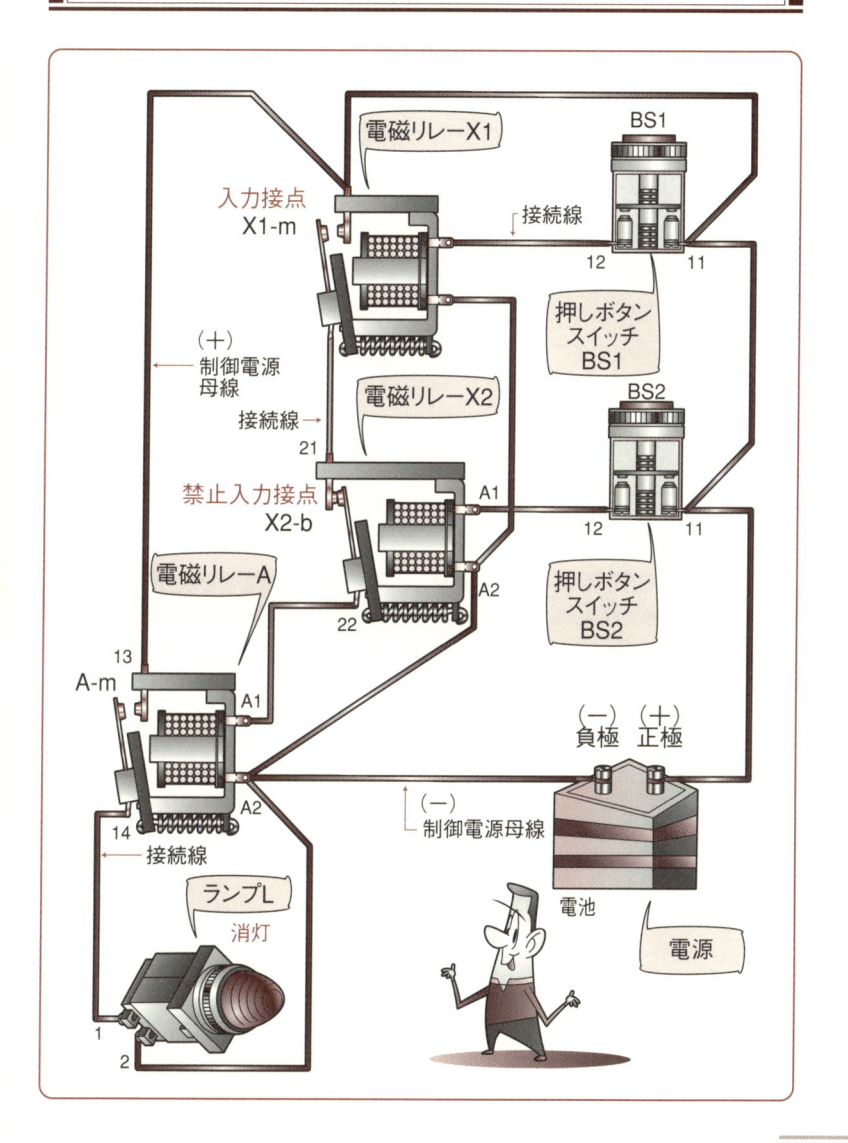

68 禁止回路の動作

入力信号X1「1」・禁止入力信号X2「0」‥‥出力信号A「1」

■入力信号X1が「1」で、禁止入力信号X2が「0」のときだけ、出力信号Aが「1」になります。

- 押しボタンスイッチBS1を押す（入力信号X1「1」）と、電磁リレーX1のコイルに電流が流れ動作し、メーク接点X1-mが閉じる。
- 押しボタンスイッチBS2を押さない（禁止入力信号X2「0」）と、電磁リレーX2のコイルに電流が流れず、復帰した状態でブレーク接点X2-bが閉じている。
- メーク接点X1-mとブレーク接点X2-bが両方とも閉じているので、電磁リレーAのコイルに電流が流れ動作し、メーク接点A-mが閉じる。
- メーク接点A-m閉により、ランプLは点灯（出力信号A「1」）する。

入力信号X1「1」・禁止入力信号X2「1」‥‥出力信号A「0」

■入力信号X1が「1」でも禁止入力信号X2が「1」のときは、出力信号Aは「0」になります（禁止入力信号X2が優先する）。

- 押しボタンスイッチBS1を押す（入力信号X1「1」）と、電磁リレーX1のコイルに電流が流れ動作し、メーク接点X1-mが閉じる。
- 押しボタンスイッチBS2を押す（禁止入力信号X2「1」）と、電磁リレーX2のコイルに電流が流れ動作しブレーク接点X2-bが開く。
- メーク接点X1-mが閉じていても、ブレーク接点X2-bが開いているので、電磁リレーAのコイルに電流が流れず復帰し、メーク接点A-mが開く。
- メーク接点A-m開により、ランプLは消灯（出力信号A「0」）する。

禁止回路の動作

禁止回路の動作図実例

入力信号X1「1」・禁止入力信号X2「0」、出力信号A「1」の動作図

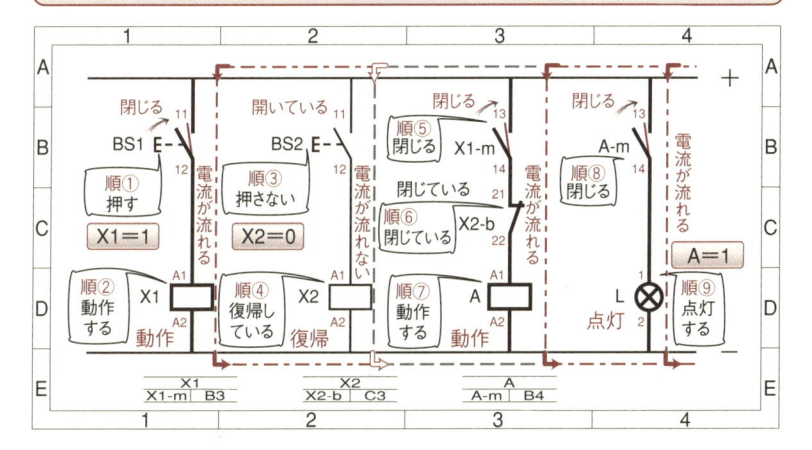

入力信号X1「1」・禁止入力信号X2「1」、出力信号A「0」の動作図

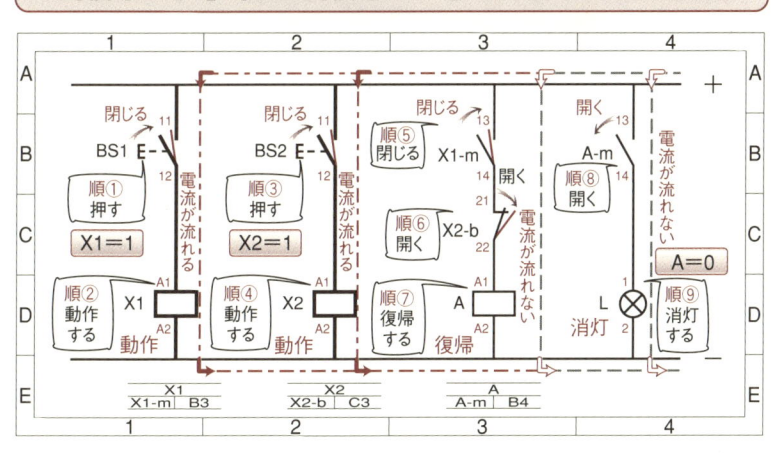

137

69 自己保持回路

セット（始動）信号を除いても動作を保持する

■**自己保持回路**とは、セット（始動）信号により得られた出力信号自身により動作回路をつくった後、セット（始動）信号を除いても動作を続けるとともに、リセット（停止）信号を与えることにより、復帰する回路をいいます。

■自己保持回路は、ブレーク接点を有するリセット（停止）用押しボタンスイッチBS2と、メーク接点を有するセット（始動）用押しボタンスイッチBS1を直列に、電磁リレーXのコイルに接続します。そして、BS1と並列に電磁リレーの自己のメーク接点X-m_1を接続します。

- 自己保持回路では、ボタンスイッチが押す手を離すと開いてしまうので、電磁リレーを自己の接点で動作を保持するために用います。

自己保持回路のシーケンス図　－例－

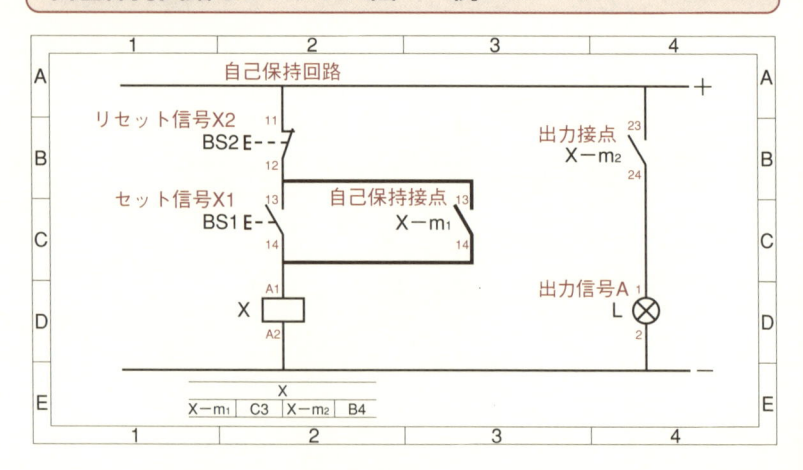

自己保持回路

自己保持回路の実体配線図

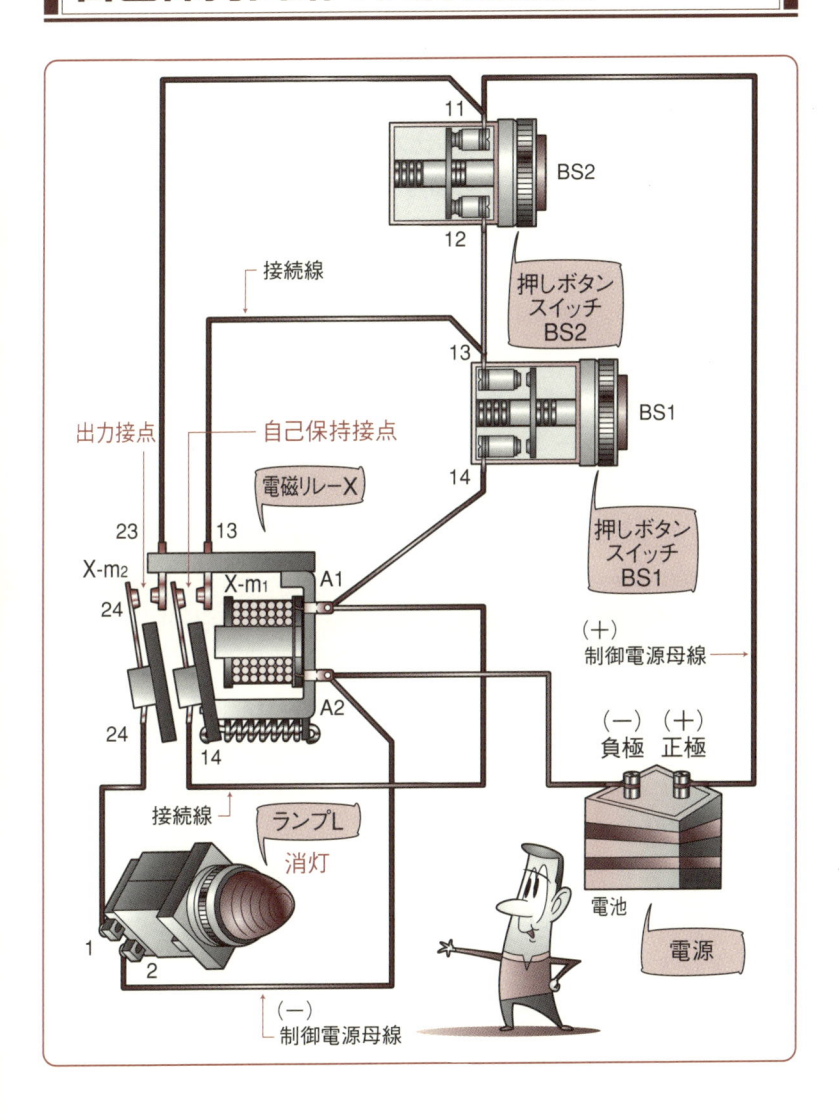

70 自己保持回路の動作

セット信号X1「1」・リセット信号X2「0」‥‥出力信号A「1」

■ セット信号X1が「1」のとき、出力信号Aが「1」になり、セット信号X1を「0」にしても、出力信号Aは「1」を保持します。

- 押しボタンスイッチBS1を押す（セット信号X1「1」）と、メーク接点BS1が閉じて、電磁リレーXのコイルに電流が流れ動作する。
- 電磁リレーXが動作すると、自己保持接点X-m_1が閉じ、コイルXに電流を流す。
- 電磁リレーXが動作すると、出力接点X-m_2が閉じ、ランプLに電流が流れ点灯（出力信号A「1」）する。
- ボタンBS1を押す手を離（セット信号X1「0」）しても、自己保持接点X-m_1による電流により動作を保持する（**自己保持する**という）。

セット信号X1「0」・リセット信号X2「1」‥‥出力信号A「0」

■ リセット信号X2を「1」にすると、出力信号Aが「0」になり、リセット信号X2を「0」にしても、出力信号Aは「0」を保持します。

- 押しボタンスイッチBS2を押す（リセット信号X2「1」）と、ブレーク接点BS2が開いて、電磁リレーXのコイルに電流が流れず、復帰する。
- 電磁リレーXが復帰すると、自己保持接点X-m_1が開き、また出力接点X-m_2が開くので、ランプLに電流が流れず消灯（出力信号A「0」）する。
- ボタンBS2を押す手を離（リセット信号X2「0」）しても、電磁リレーXは復帰を保持する（**自己保持を解く**という）。

自己保持回路の動作

自己保持回路の動作図実例

セット信号X1「1」・リセット信号X2「0」、出力信号A「1」の動作図

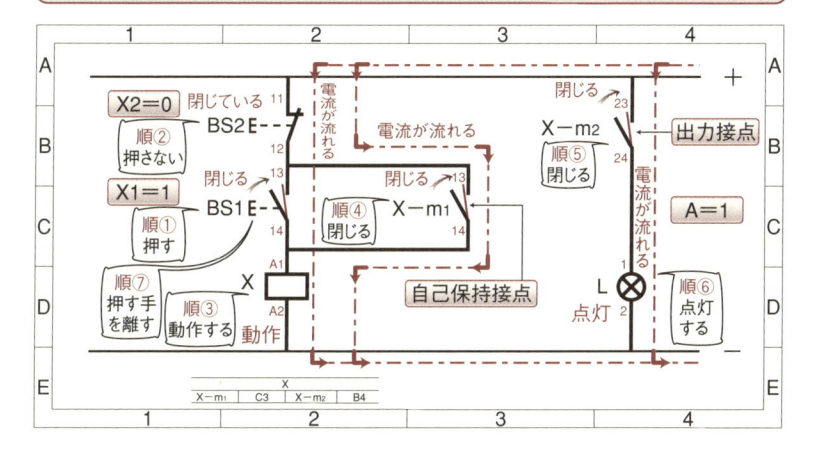

- X2=0 閉じている 11
- 順② 押さない BS2
- 電流が流れる
- 閉じる 23
- X-m2
- 順⑤ 閉じる
- 出力接点
- 12
- 24
- 電流が流れる
- X1=1 閉じる 13
- 順① 押す BS1
- 14
- 順④ 閉じる X-m1 閉じる 13
- 14
- A=1
- 順⑦ 押す手を離す
- X A1
- 順③ 動作する
- A2 動作
- 自己保持接点
- L 点灯
- 順⑥ 点灯する

X | X-m1 | C3 | X-m2 | B4

セット信号X1「0」・リセット信号X2「1」、出力信号A「0」の動作図

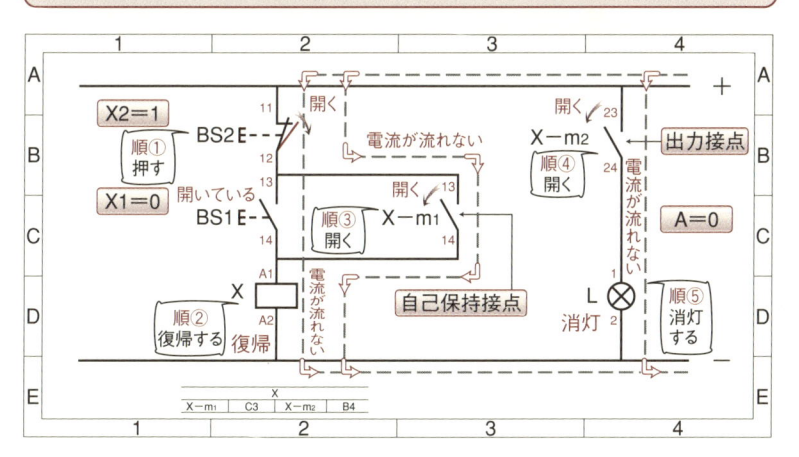

- X2=1 開く 11
- 順① 押す BS2
- 電流が流れない
- 開く 23
- X-m2
- 順④ 開く
- 出力接点
- 12
- 24
- 電流が流れない
- X1=0 開いている 13
- BS1
- 14
- 順③ 開く X-m1 開く 13
- 14
- A=0
- X A1
- 順② 復帰する
- A2 復帰
- 電流が流れない
- 自己保持接点
- L 消灯
- 順⑤ 消灯する

X | X-m1 | C3 | X-m2 | B4

141

71 インタロック回路

先行動作が優先し、相手動作を禁止する

■**インタロック回路**とは、機器の動作状態を表す接点を使って、互いに関連する機器の動作を拘束し合う回路をいい、主に機器の保護と操作者の安全を目的としています。

- インタロック回路は、二つの入力のうち、先に動作した方が優先し、他方の動作を禁止することから**"先行動作優先回路""相手動作禁止回路"**ともいいます。

■**電磁リレー接点によるインタロック回路**は、電磁リレーX1のコイルと直列に電磁リレーX2のブレーク接点X2-bと押しボタンスイッチBS1を接続します。また、電磁リレーX2のコイルと直列に電磁リレーX1のブレーク接点X1-bと押しボタンスイッチBS2を接続します。

インタロック回路のシーケンス図　―例―

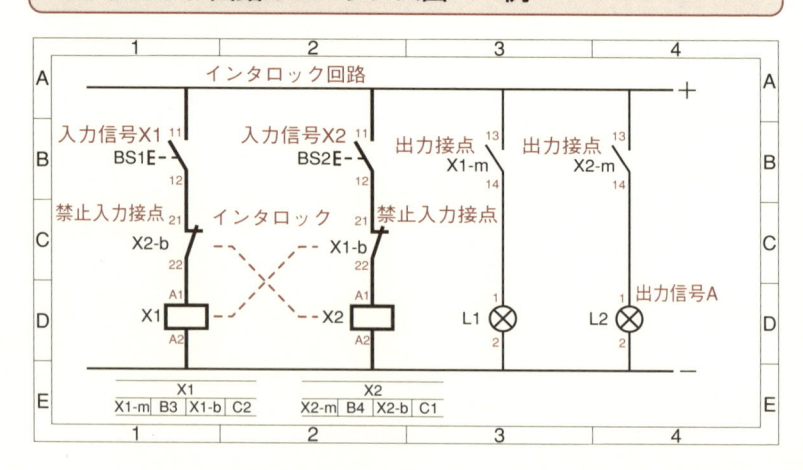

	1	2	3	4
A	インタロック回路			+
B	入力信号X1 11 BS1E- 12	入力信号X2 11 BS2E- 12	出力接点 13 X1-m 14	出力接点 13 X2-m 14
C	禁止入力接点 21 X2-b 22	インタロック	禁止入力接点 21 X1-b 22	
D	X1	X2	L1	出力信号A L2
E	X1 X1-m B3 X1-b C2	X2 X2-m B4 X2-b C1		−

インタロック回路の実体配線図

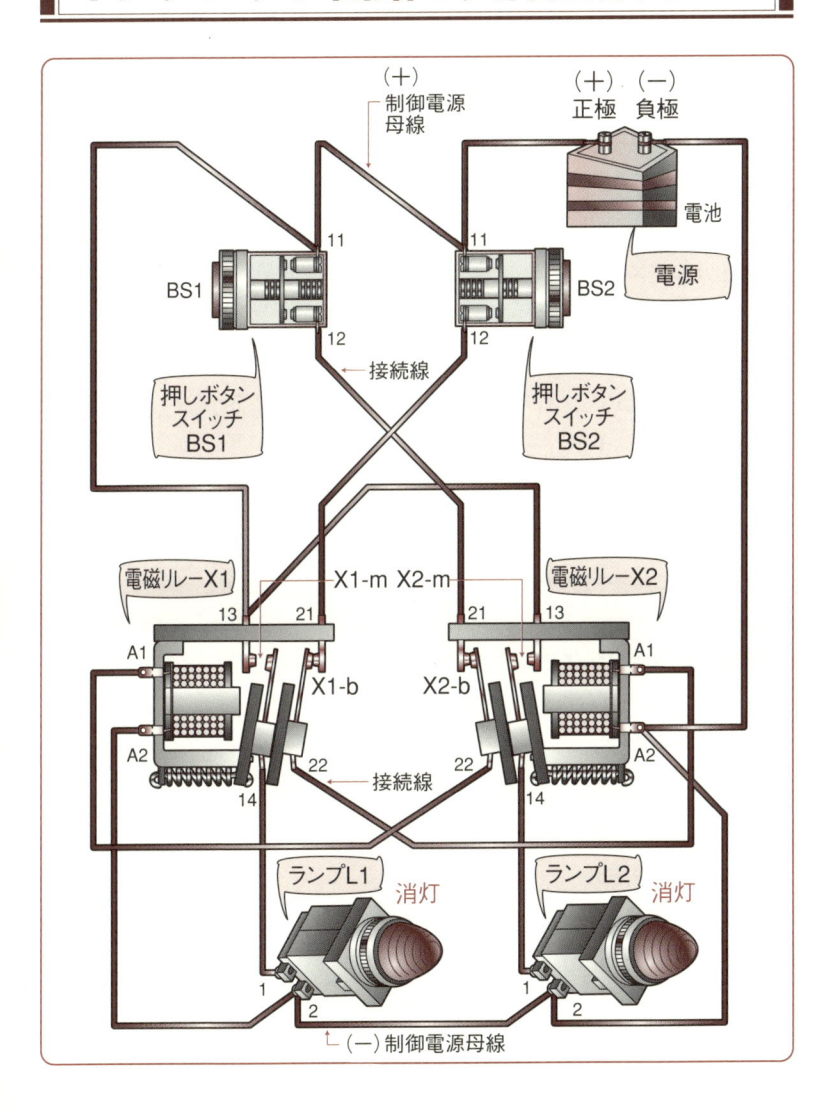

72 インタロック回路の動作

電磁リレーX1の動作が先行したときの動作

■ **電磁リレーX1が先に動作すると、後から電磁リレーX2に入力信号を入れても、ロックされて動作しません。**

- 押しボタンスイッチBS1を押すと、メーク接点BS1が閉じて、電磁リレーX1のコイルに電流が流れ、動作する。
- 電磁リレーX1が動作すると、ブレーク接点X1-bが開き、メーク接点X1-mが閉じる。
- メーク接点X1-mが閉じると、ランプL1に電流が流れ点灯(出力信号「1」)する。
- 後から押しボタンスイッチBS2を閉じても、ブレーク接点X1-bが開いているので、電磁リレーX2は動作しない(ロックされる)。

電磁リレーX2の動作が先行したときの動作

■ **電磁リレーX2が先に動作すると、後から電磁リレーX1に入力信号を入れても、ロックされて動作しません。**

- 押しボタンスイッチBS2を押すと、メーク接点BS2が閉じて、電磁リレーX2のコイルに電流が流れ、動作する。
- 電磁リレーX2が動作すると、ブレーク接点X2-bが開き、メーク接点X2-mが閉じる。
- メーク接点X2-mが閉じると、ランプL2に電流が流れ点灯(出力信号「1」)する。
- 後から、押しボタンスイッチBS1を閉じても、ブレーク接点X2-bが開いているので、電磁リレーX1は動作しない(ロックされる)。

インタロック回路の動作図実例

BS1を先に押し、後からBS2を押す‥‥出力信号A「1」・B「0」

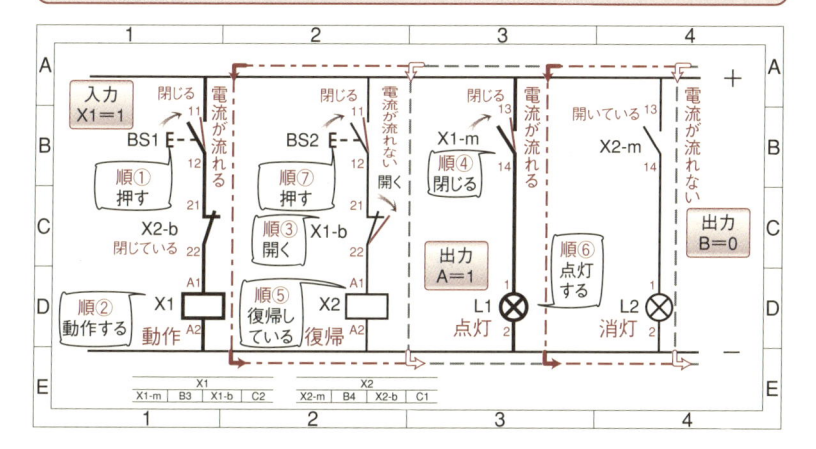

BS2を先に押し、後からBS1を押す‥‥出力信号A「0」・B「1」

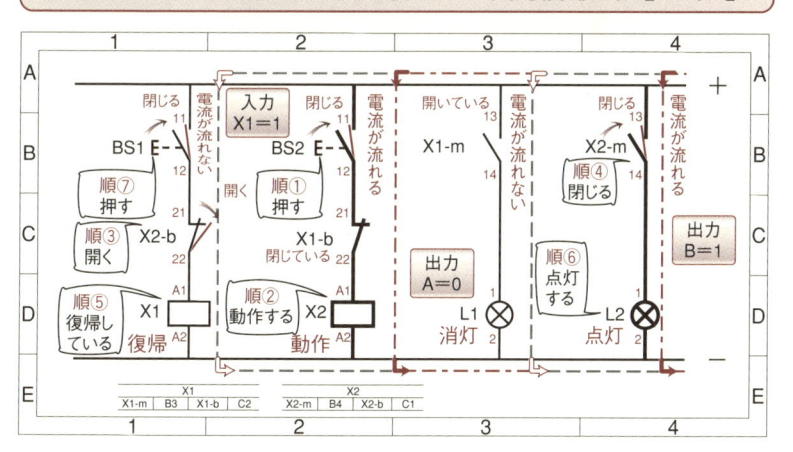

73 排他的OR回路

二つの入力信号が相異すると出力信号は「1」になる

■**排他的OR回路**とは、二つの入力信号が互いに「1」か「0」と異なった状態にあるときだけ、出力信号が「1」になる回路をいい、"**反一致回路**"ともいいます。

- 排他的OR回路は、二つの入力信号が両方とも「1」になったときには、出力信号が「0」になることが、OR回路と違います。

■**電磁リレーによる排他的OR回路**は、入力接点として、電磁リレーX1のメーク接点X1-mと電磁リレーX2のブレーク接点X2-bを直列にします。また、ブレーク接点X1-bとメーク接点X2-mを直列にします。そして、この二組の直列回路を並列にし、電磁リレーAのコイルに接続し、そのメーク接点A-mを出力接点とします。

排他的OR回路のシーケンス図　－例－

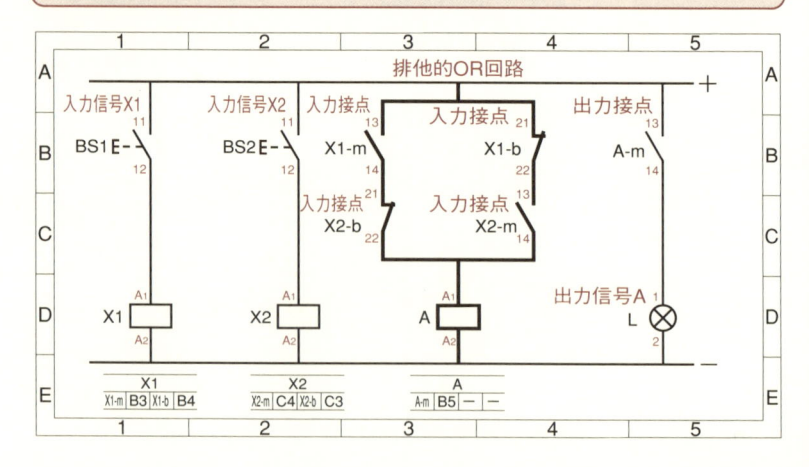

排他的OR回路の実体配線図

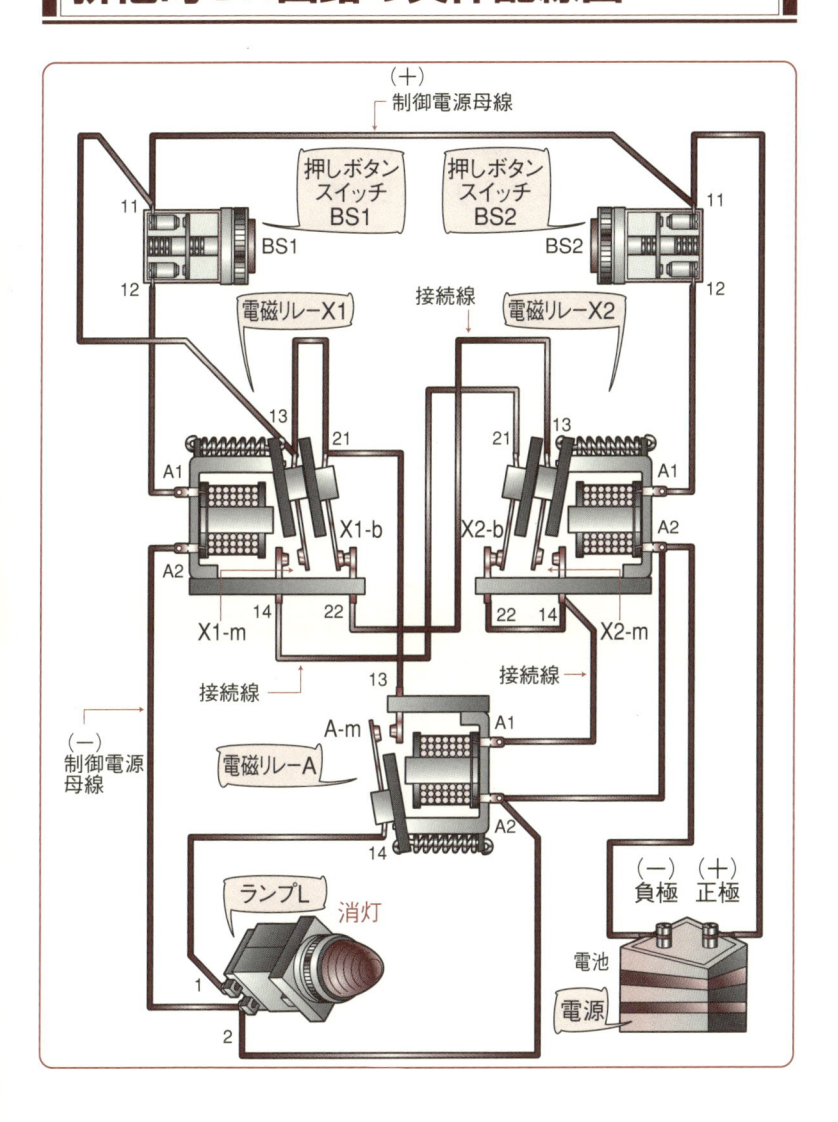

74 排他的OR回路の動作

入力信号反一致 X1「1」・X2「0」‥‥出力信号A「1」

■入力信号X1「1」、入力信号X2「0」のように、入力信号が一致しないとき、出力信号Aは「1」になります。

- 押しボタンスイッチBS1を押す(入力信号X1「1」)と、電磁リレーX1が動作し、メーク接点X1-mは閉じ、ブレーク接点X1-bは開く。
- 押しボタンスイッチBS2を押さない(入力信号X2「0」)と、電磁リレーX2が復帰しており、メーク接点X2-mは開いており、ブレーク接点X2-bは閉じている。
- メーク接点X1-mとブレーク接点X2-bが閉じているので、電磁リレーAが動作し、メーク接点A-mが閉じる。
- メーク接点A-m閉により、ランプLは点灯(出力信号A「1」)する。

入力信号一致 X1「1」・X2「1」‥‥出力信号A「0」

■入力信号X1「1」、入力信号X2「1」のように、入力信号が一致するとき、出力信号Aは「0」になります。

- 押しボタンスイッチBS1を押す(入力信号X1「1」)と、電磁リレーX1が動作し、メーク接点X1-mは閉じ、ブレーク接点X1-bは開く。
- 押しボタンスイッチBS2を押す(入力信号X2「1」)と、電磁リレーX2が動作し、メーク接点X2-mは閉じ、ブレーク接点X2-bは開く。
- ブレーク接点X1-bとX2-bが開いているので、どちら側の回路からも電磁リレーAのコイルに電流が流れず、電磁リレーAは復帰し、メーク接点A-mが開く。
- メーク接点A-m開により、ランプLは消灯(出力信号A「0」)する。

排他的OR回路の動作図実例

入力信号反一致 X1「1」・X2「0」の動作図

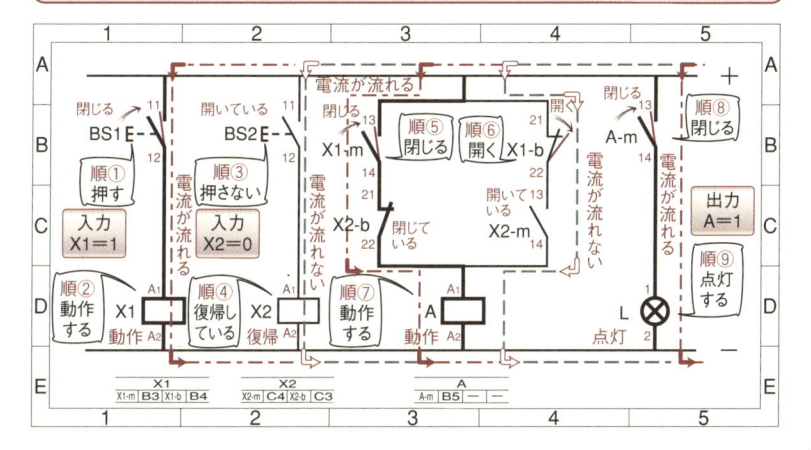

入力信号一致 X1「1」・X2「1」の動作図

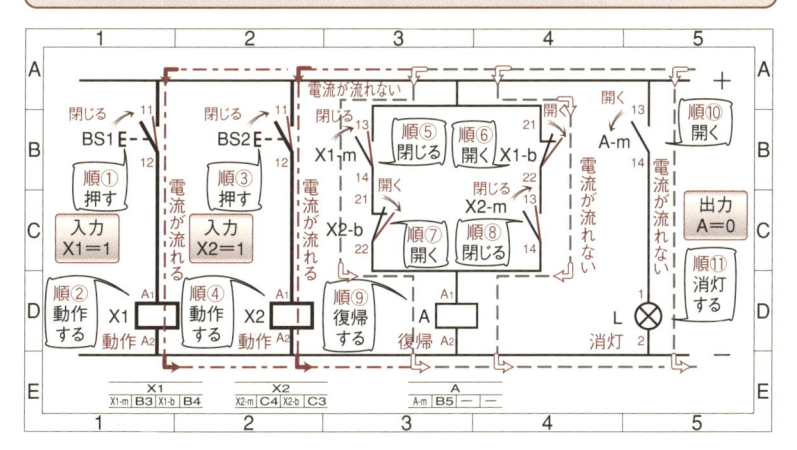

75 一致回路

二つの入力信号が一致すると出力信号は「1」になる

- **一致回路**とは、二つの入力信号が共に入っている場合(「1」)、または共に入っていない場合(「0」)というように、両方の信号が一致しているときだけ、出力信号が「1」になる回路をいいます。
  - 一致回路は、被制御体からの信号と設定側の信号が一致したときだけ、次段の操作や指命制御を行う場合などに用いられます。
- **電磁リレーによる一致回路**は、入力接点として、電磁リレーX1のメーク接点X1-mと電磁リレーX2のメーク接点X2-mを直列にします。また、ブレーク接点X1-bとブレーク接点X2-bを直列にします。そして、この二組の直列回路を並列にし、電磁リレーAのコイルに接続し、そのメーク接点A-mを出力接点とします。

一致回路のシーケンス図 —例—

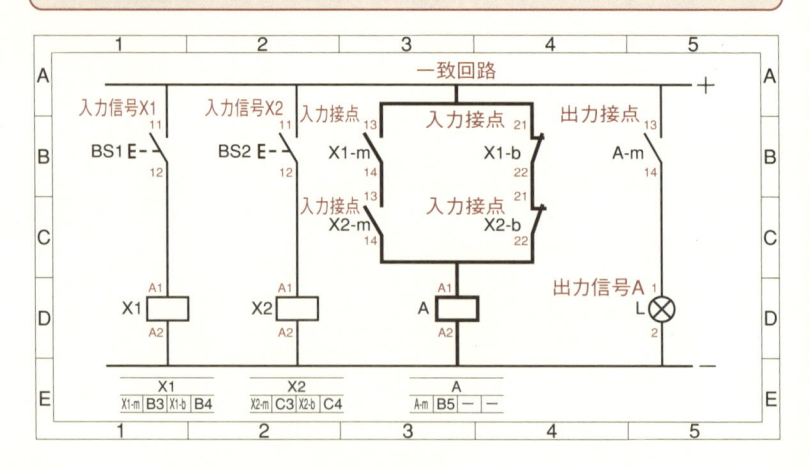

一致回路

一致回路の実体配線図

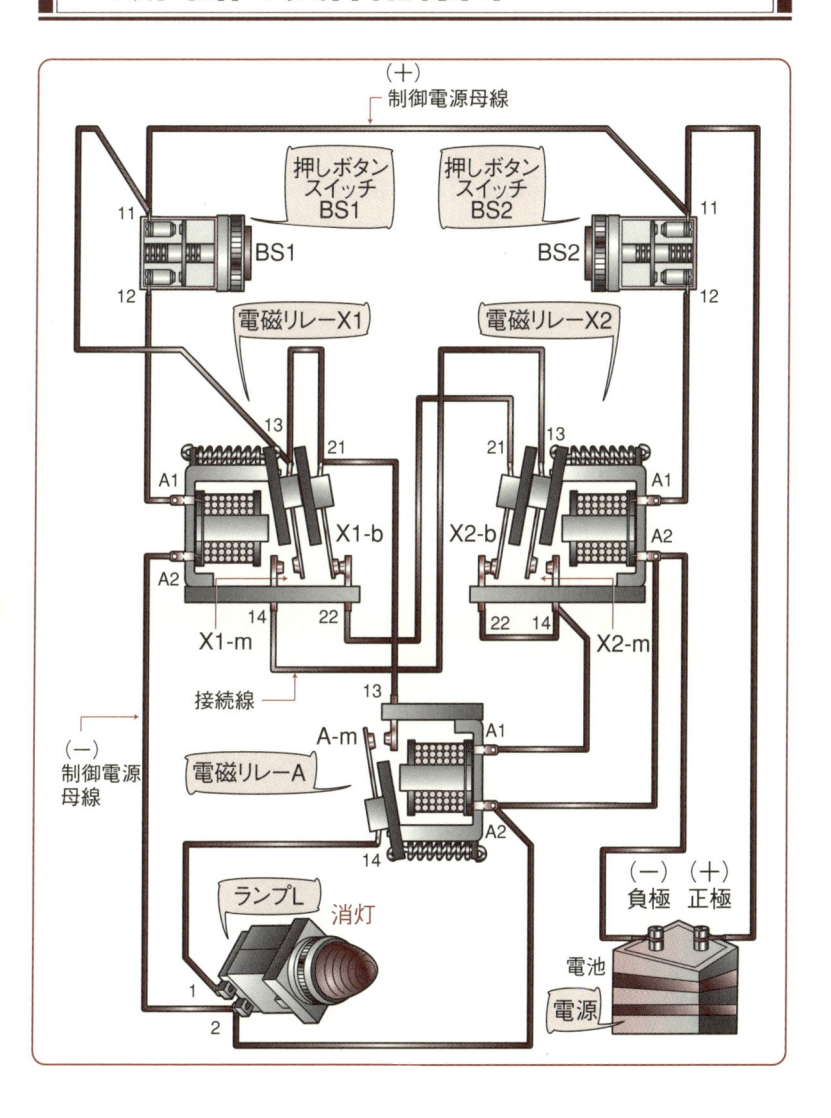

76 一致回路の動作

入力信号反一致 X1「0」・X2「1」‥‥出力信号A「0」

■入力信号X1「0」、入力信号X2「1」のように、入力信号が一致しないときは、出力信号Aが「0」になります。

- 押しボタンスイッチBS1を押さない（入力信号X1「0」）と、電磁リレーX1が復帰しており、メーク接点X1-mは開いており、ブレーク接点X1-bは閉じている。
- 押しボタンスイッチBS2を押す（入力信号X2「1」）と、電磁リレーX2が動作し、メーク接点X2-mは閉じ、ブレーク接点X2-bは開く。
- メーク接点X1-mとブレーク接点X2-bが開いているので、どちらの側の回路からも電磁リレーAのコイルに電流が流れず、復帰し、メーク接点A-mが開き、ランプLは消灯（出力信号A「0」）する。

入力信号一致 X1「1」・X2「1」‥‥出力信号A「1」

■入力信号X1「1」、入力信号X2「1」のように、入力信号が一致すると、出力信号Aが「1」になります。

- 押しボタンスイッチBS1を押す（入力信号X1「1」）と、電磁リレーX1が動作し、メーク接点X1-mは閉じ、ブレーク接点X1-bは開く。
- 押しボタンスイッチBS2を押す（入力信号X2「1」）と、電磁リレーX2が動作し、メーク接点X2-mは閉じ、ブレーク接点X2-bは開く。
- メーク接点X1-mとX2-mが両方とも閉じているので、電磁リレーAのコイルに電流が流れ、電磁リレーAは動作する。
- 電磁リレーAが動作すると、メーク接点A-mが閉じて、ランプLに電流が流れ、点灯（出力信号A「1」）する。

一致回路の動作

一致信号の動作図実例

入力信号反一致 X1「0」・X2「1」の動作図

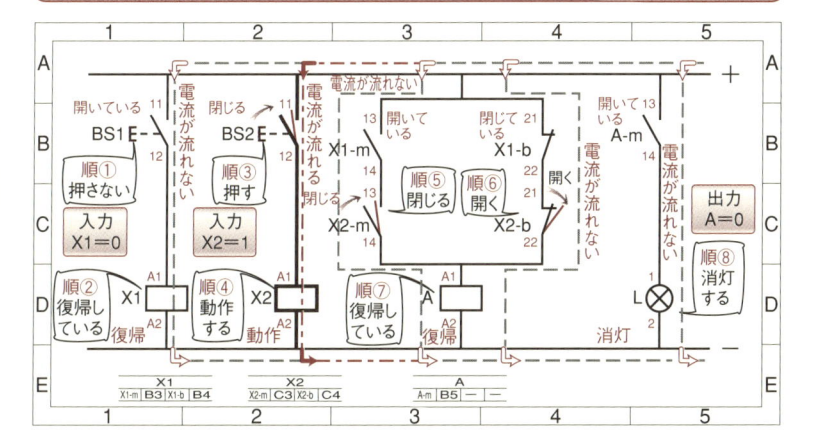

入力信号一致 X1「1」・X2「1」の動作図

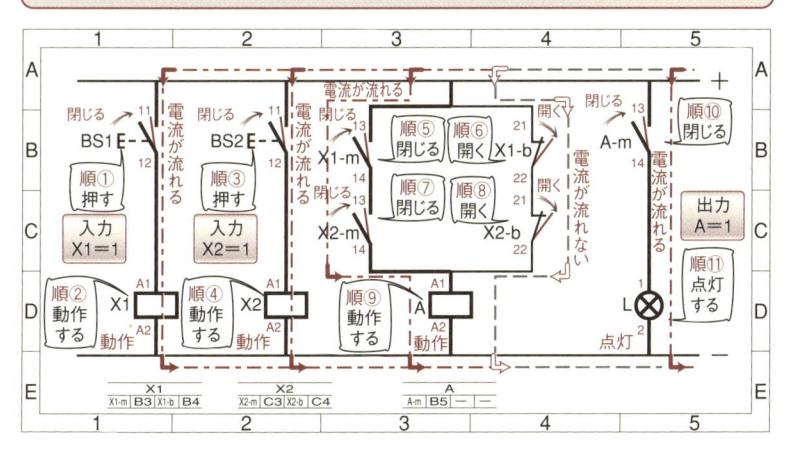

153

8 覚えておくと便利な基本回路

77 順序始動回路

入力信号の順に関係なく、決められた順序で始動する

■**順序始動回路**とは、多くの装置を、入力信号の入れる順番に関係なく、必ず電源に対して優先順位の高い、NO.1、NO.2、NO.3…の順に動作する回路をいいます。
- 順序始動回路は、複数の機械、設備が機能の面から電気的、機械的に関連があるとき、これら機械、設備を決められた順序で始動するときに用いられます。

■NO.1、NO.2の二つの入力信号をもつ順序始動回路を次に示します。
- NO.1電磁リレーX1の自己保持回路の自己保持接点X1-mの負荷側から、NO.2電磁リレーX2の自己保持回路の電源を取り、直列に接続します。

順序始動回路のシーケンス図 －例：2入力信号の場合－

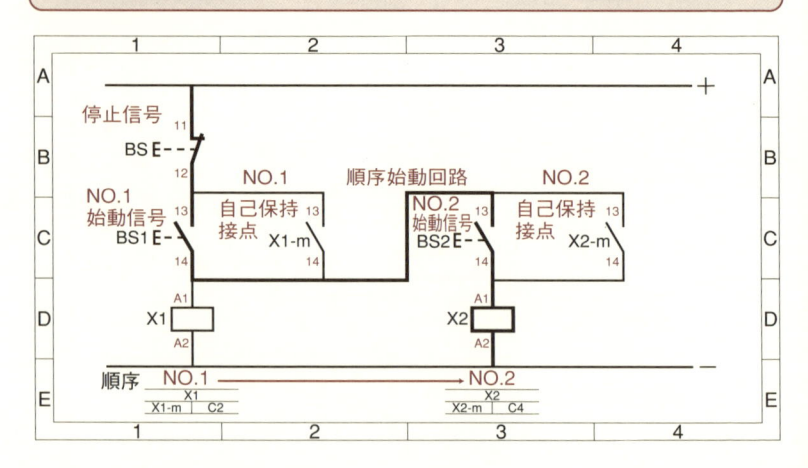

順序始動回路

順序始動回路のシーケンス図

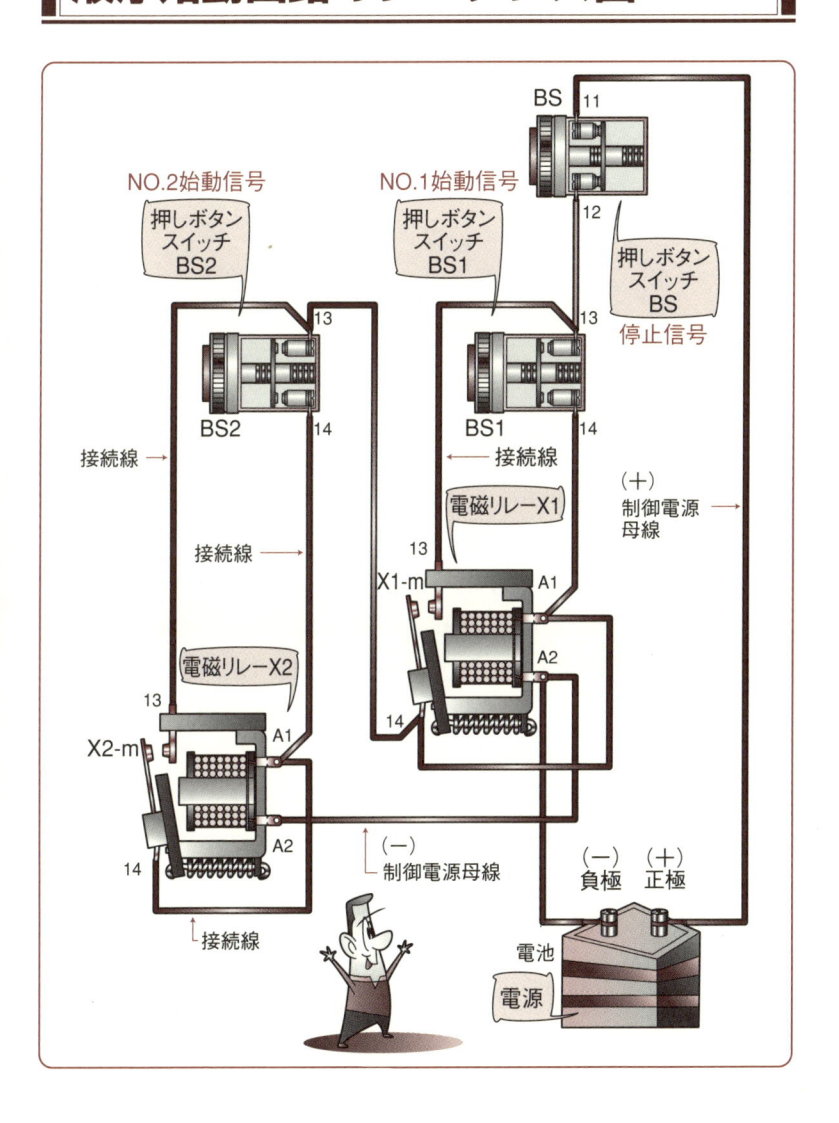

78 順序始動回路の動作

NO.2、NO.1の順に入力信号「1」‥‥NO.2動作せず

■先にNO.2入力信号X2を「1」としても、NO.2出力信号は「0」で、後からNO.1入力信号X1を「1」とすると、NO.1出力信号は「1」になります。

- 押しボタンスイッチBS2を押し(NO.2入力信号X2「1」)ても、押しボタンスイッチBS1および電磁リレーX1のメーク接点X1-mが開いているので、電磁リレーX2のコイルに電流が流れず、動作しない(NO.2出力信号「0」)。
- 押しボタンスイッチBS1を押す(NO.1入力信号X1「1」)と、電磁リレーX1のコイルに電流が流れ、動作(NO.1出力信号「1」)し、メーク接点X1-mが閉じて、自己保持する。

NO.1、NO.2の順に入力信号を「1」‥‥NO.1、NO.2の順に動作する

■先にNO.1入力信号X1を「1」にすると、NO.1出力信号は「1」になり、後からNO.2入力信号X2を「1」にすると、NO.2出力信号は「1」になります(順序始動する)。

- 押しボタンスイッチBS1を押す(NO.1入力信号X1「1」)と、電磁リレーX1のコイルに電流が流れ、動作(NO.1出力信号「1」)し、メーク接点X1-mが閉じて、自己保持する。
- 押しボタンスイッチBS2を押す(NO.2入力信号X2「1」)と、電磁リレーX1のメーク接点X1-mが閉じているので、電磁リレーX2のコイルに電流が流れ、動作(NO.2出力信号「1」)し、メーク接点X2-mが閉じて、自己保持する。

順序始動回路の動作

順序始動回路の動作図実例

先にNO.2の入力信号X2「1」の動作図

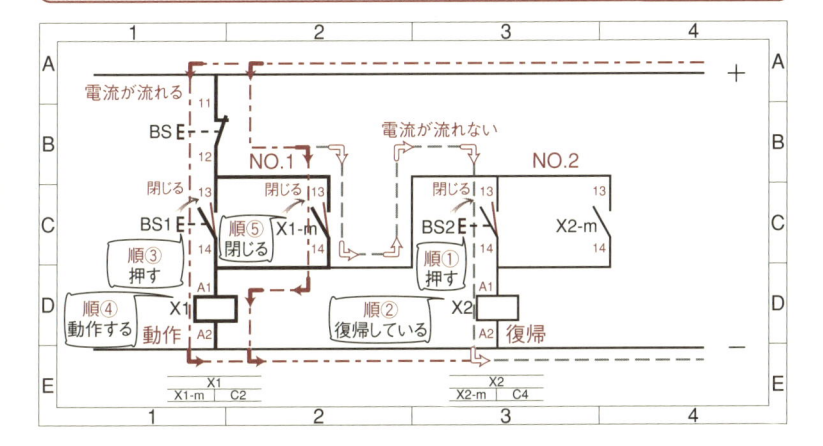

先にNO.1の入力信号X1「1」の動作図

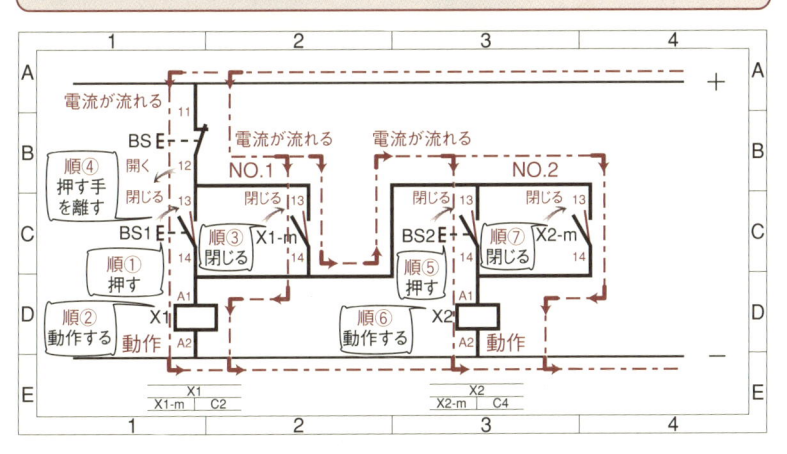

79 電源側優先回路

電源に近い入力信号のみが優先し、出力信号が「1」となる

- **電源側優先回路**とは、多くの装置のうち、電源に近く接続されている装置が優先して動作し、それから後の優先順位の低い装置は、入力信号を入れても動作せず、ロックされる回路をいいます。
- NO.1、NO.2、NO.3の三つの入力信号をもつ電源側優先回路を、次に示します。
  - 電磁リレーのコイルを、電源側から順にX1、X2、X3と接続し、それぞれのブレーク接点を、(+)制御電源母線に順に接続します。
  - 優先順位の一番低い電磁リレーX3は、電磁リレーX1およびX2が復帰しているときのみ動作します。また、電磁リレーX2は、電磁リレーX1が復帰しているとき動作します。

電源側優先回路のシーケンス図 －例－

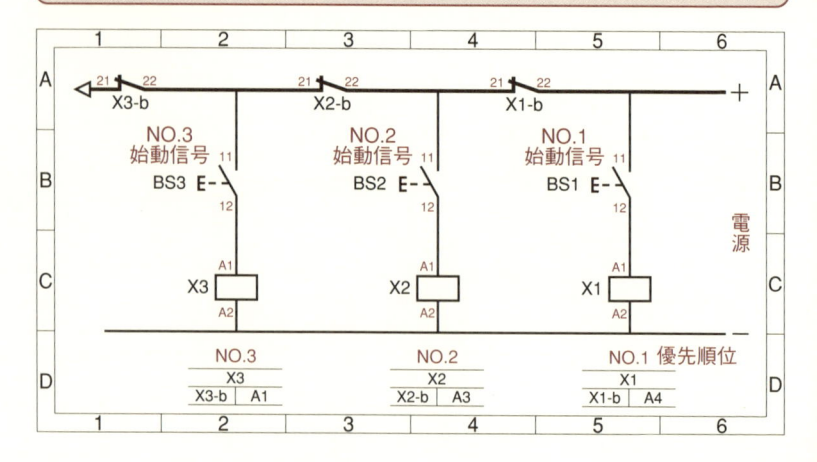

	NO.3	NO.2	NO.1 優先順位
	X3	X2	X1
	X3-b | A1	X2-b | A3	X1-b | A4

電源側優先回路の実体配線図

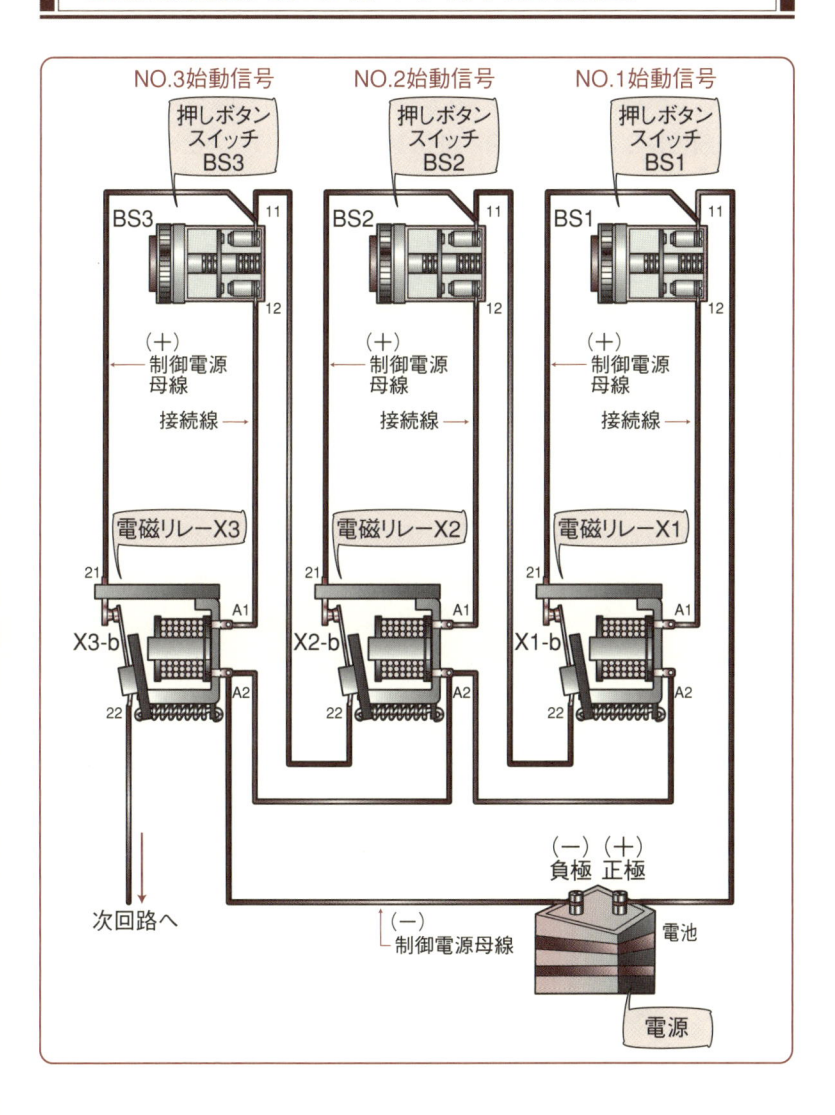

80 電源側優先回路の動作

優先順位NO.3はNO.2入力が「1」になると出力「0」となる

■優先順位NO.3は、NO.2、NO.1の入力が「0」のときだけ、出力が「1」になります。
- 優先順位NO.2の入力が「1」になると、NO.2出力が「1」になり、NO.3出力は「0」になって、NO.2のみが優先し動作します。

■最初に、押しボタンスイッチBS3を押す（NO.3入力信号「1」）と、電磁リレーX3が動作する（NO.3出力信号「1」）。
- 次に、押しボタンスイッチBS2を押す（NO.2入力信号「1」）と、電磁リレーX2が動作する（NO.2出力信号「1」）。
- 電磁リレーX2が動作すると、ブレーク接点X2-bが開き、電磁リレーX3のコイルに電流が流れず、復帰する（NO.3出力信号「0」）。

優先順位NO.2はNO.1入力が「1」になると出力「0」になる

■優先順位NO.2は、NO.1入力が「0」のときだけ、出力が「1」になります。
- 優先順位NO.1の入力が「1」になると、NO.1出力が「1」になり、NO.2出力は「0」になって、NO.1のみが優先し動作します.

■最初に、押しボタンスイッチBS2を押す（NO.2入力信号「1」）と、電磁リレーX2が動作する（NO.2出力信号「1」）。
- 次に、押しボタンスイッチBS1を押す（NO.1入力信号「1」）と、電磁リレーX1が動作する（NO.1出力信号「1」）。
- 電磁リレーX1が動作すると、ブレーク接点X1-bが開き、電磁リレーX2のコイルに電流が流れず、復帰する（NO.2出力信号「0」）。

電源側優先回路の動作図実例

NO.3、NO.2の順に入力信号を「1」としたときの動作図

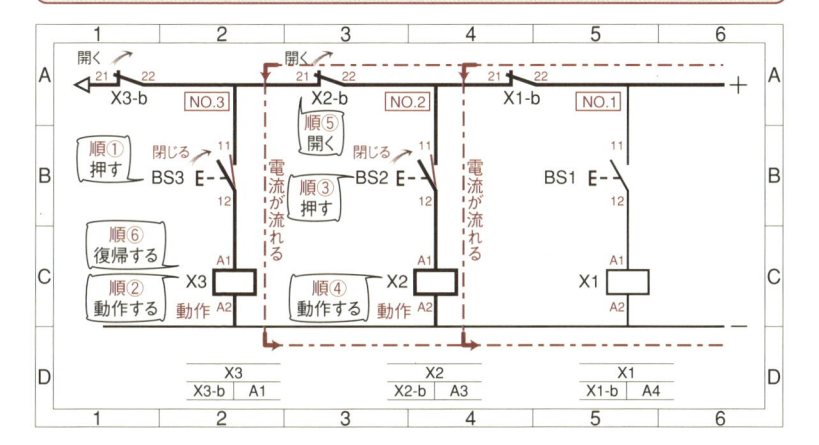

```
         1          2           3          4           5          6
    ┌─────────────────────────────────────────────────────────────┐
    │   開く↗                   開く↗                              │
  A │  ⟨21  22              21  22               21  22          +│ A
    │   X3-b    [NO.3]       X2-b    [NO.2]       X1-b   [NO.1]   │
    │  ┌順①┐ 閉じる↘ 11   ┌順⑤┐ 閉じる↘ 11                       │
    │  │押す│      /      │開く│      /        電                 │
  B │  └──┘ BS3 E-- 12   └──┘ BS2 E-- 12   流   BS1 E-- 11  電   │ B
    │         ┌順③┐             が              電              │
    │         │押す│             流              流              │
    │  ┌順⑥┐  └──┘       ┌順④┐  れ         が              流   │
    │  │復帰する│         │動作する│ る         れ              れ   │
  C │  ┌順②┐ A1        ┌順④┐ A1   ↓        る  X1 ┌──┐       る│ C
    │  │動作する│X3┌──┐ │動作する│X2┌──┐      A1  │  │         │
    │         │  │ 動作│        │  │  動作 A2         A2 └──┘       │
    │         └──┘ A2        └──┘                                 │
  D │          ─────────        ─────────        ─────────         │ D
    │             X3                X2                X1           │
    │         X3-b │ A1         X2-b │ A3         X1-b │ A4        │
    └─────────────────────────────────────────────────────────────┘
         1          2           3          4           5          6
```

NO.2、NO.1の順に入力信号を「1」としたときの動作図

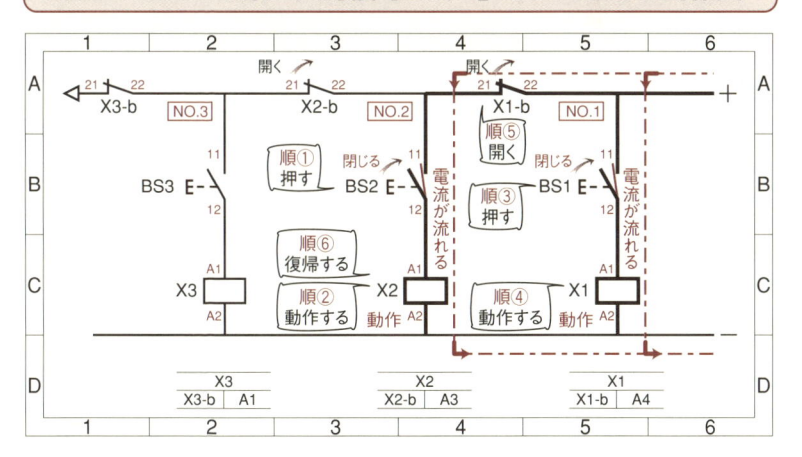

161

81 二ヶ所から操作する回路

二ヶ所から設備を始動し、停止する

■**二ヶ所から操作する回路**とは、一つの設備を二つの場所のどちらからでも始動・停止ができる回路をいいます。

- 一つの設備を一方から始動信号を与えると始動し、他方から停止信号を与えると停止する、また逆の動作をする回路をいいます。
- 設備の設置してある現場で操作でき、設備から離れた遠方制御盤からも操作できます。現場・遠方制御はこの機能を用いた回路です。

■現場・遠方二ヶ所から操作する回路は、始動信号として、現場・遠方のメーク接点を有する押しボタンスイッチ$BS1_入$と$BS2_入$を並列に、電磁リレーXのコイルに接続します。また、停止信号として、ブレーク接点を有する押しボタンスイッチ$BS1_切$と$BS2_切$を直列に接続します。

二ヶ所（現場・遠方）から操作する回路 －例－

```
二ヶ所から操作する回路
現場始動信号    遠方始動信号     自己保持      出力接点
  X1入           X2入         接点  13       23
  BS1入 11      BS2入  11        X-m1          X-m2
        12            12        14             24
        13
  BS1切  --- 現場停止信号 X1切
        14
        13
  BS2切  --- 遠方停止信号 X2切
        14
      A1                                 出力信号  1
       X                                          L
      A2                                           2
```

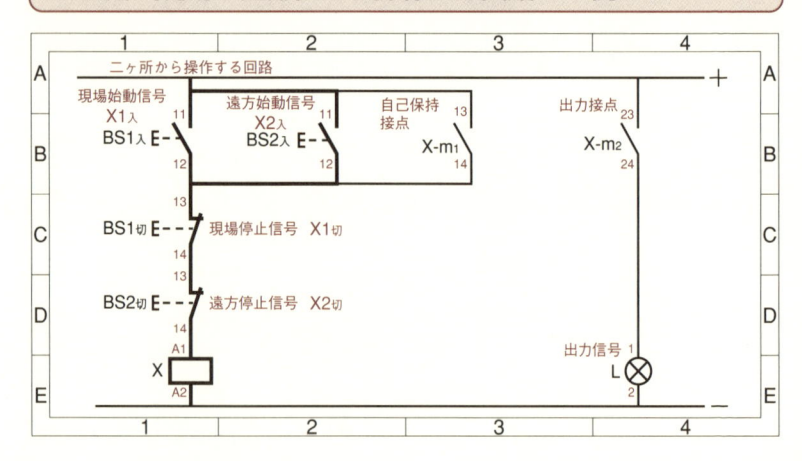

二ヶ所から操作する回路

二ヶ所（現場・遠方）から操作する回路の実体配線図

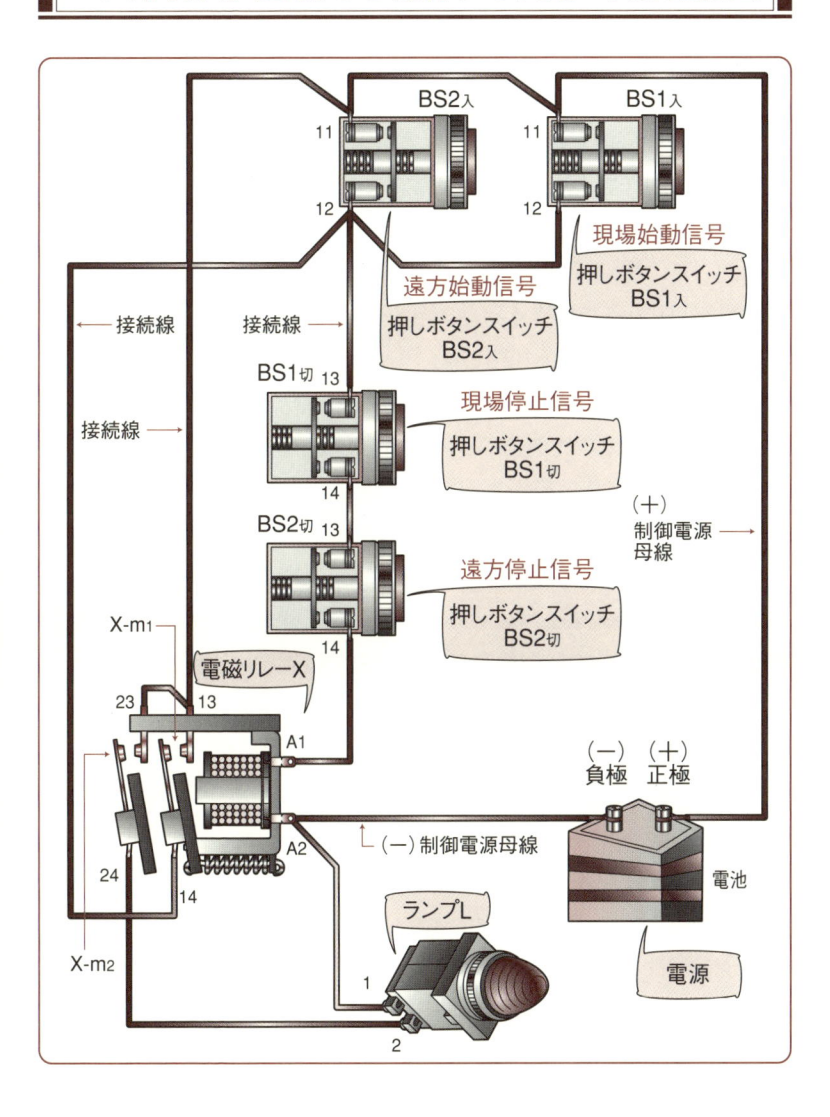

82 ニヶ所から操作する回路の動作

現場で始動し、遠方から停止する　－現場・遠方制御－

■設備の設置現場で始動信号を与え、遠方制御盤から停止信号を与えた場合の動作は、次のとおりです。

- 現場の押しボタンスイッチBS1入を押す（現場始動信号「1」）と、閉じて、電磁リレーXのコイルに電流が流れ、動作する。
- 電磁リレーXが動作すると、自己保持接点X-m_1が閉じ、自己保持し、出力接点X-m_2が閉じる。
- 出力接点X-m_2が閉じると、ランプLが点灯する（出力信号「1」）。
- 遠方制御盤の押しボタンスイッチBS2切を押すと、開いて電磁リレーXのコイルに電流が流れず、復帰し、出力接点X-m_2が開く。
- 出力接点X-m_2が開くと、ランプLが消灯する（出力信号「0」）。

遠方から始動し、現場で停止する　－現場・遠方制御－

■遠方制御盤から始動信号を与え、設備の設置現場で停止信号を与えた場合の動作は、次のとおりです。

- 遠方制御盤の押しボタンスイッチBS2入を押す（遠方始動信号「1」）と、閉じて、電磁リレーXのコイルに電流が流れ動作する。
- 電磁リレーXが動作すると、自己保持接点X-m_1が閉じ、自己保持し、出力接点X-m_2が閉じる。
- 出力接点X-m_2が閉じると、ランプLが点灯する（出力信号「1」）。
- 現場の押しボタンスイッチBS1切を押すと、開いて、電磁リレーXのコイルに電流が流れず、復帰し、出力接点X-m_2が開く。
- 出力接点X-m_2が開くと、ランプLが消灯（出力信号[0」）する。

二ヶ所（現場・遠方）から操作する回路の動作

二ヶ所（現場・遠方）から操作する回路の動作図実例

現場始動・遠方停止の動作図 －二ヶ所から操作する回路－

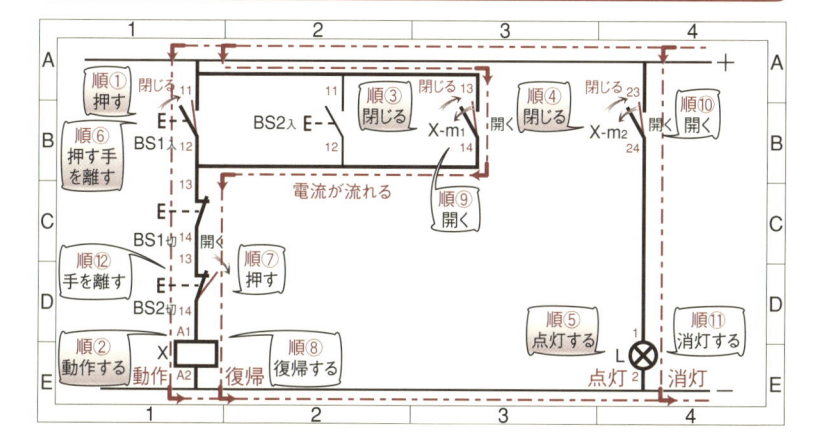

遠方始動・現場停止の動作図 －二ヶ所から操作する回路－

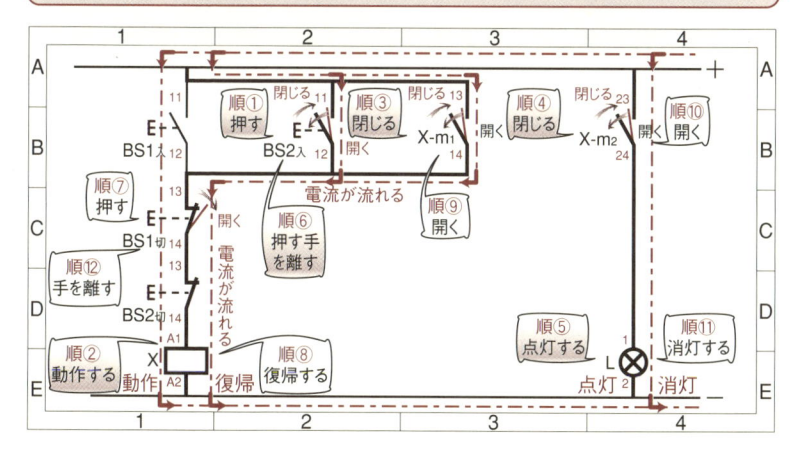

83 時間差をつくるタイマ

タイマとは －モータ式タイマ・電子式タイマ－

■**タイマ**とは、入力信号を与えると、あらかじめ定められた時間（設定時間という）を経過した後に、出力接点が開路または閉路するリレーをいいます。**モータ式タイマ**と**電子式タイマ**とがあります。
- モータ式タイマは、電気的な入力信号により、小形の電動機を回転させ、電源周波数に比例した一定回転速度を時間の基準とし、所定の時間（設定時間）経過後に、出力接点を開閉します。
- 電子式タイマとは、コンデンサと抵抗の組合せによる充放電特性を利用したもので、コンデンサの端子電圧の時間的変化を半導体で検出し、増幅して所定の時間（設定時間）経過後に、出力接点を開閉します。

限時動作メーク接点・限時動作ブレーク接点 －例：内部接続図－

■タイマ（TLR：Time-Lag Relay）の出力接点には、**限時動作メーク接点**と**限時動作ブレーク接点**とがあります。
- 限時動作メーク接点（TLR-m）とは、タイマが動作するときに、時間遅れがあり、閉じる接点をいいます。
- 限時動作ブレーク接点（TLR-b）とは、タイマが動作するときに、時間遅れがあり、開く接点をいいます。

■モータ式タイマの内部接続図の例を、次ページに示します。
- タイマの操作電源は、裏面ソケットの端子番号1と7に接続します。
- 限時動作メーク接点は、端子番号6と8に、また限時動作ブレーク接点は端子番号5と8に接続します。

時間差をつくるタイマ

モータ式タイマの外観図・内部接続図

モータ式タイマ　－例－

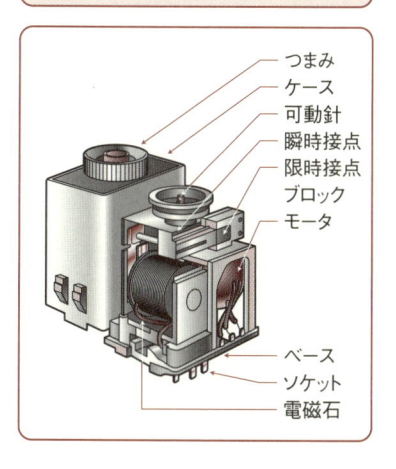

- つまみ
- ケース
- 可動針
- 瞬時接点
- 限時接点
- ブロック
- モータ
- ベース
- ソケット
- 電磁石

限時動作接点図記号

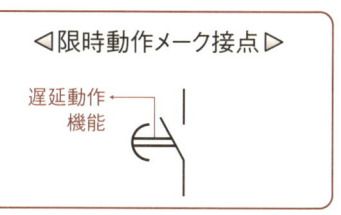

◁限時動作メーク接点▷

遅延動作機能

◁限時動作ブレーク接点▷

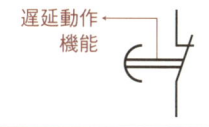

遅延動作機能

モータ式タイマの内部接続図　－例－

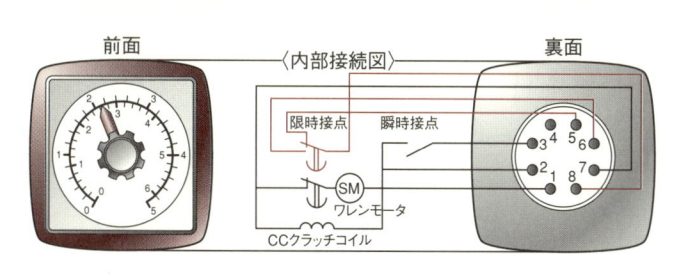

前面　　　〈内部接続図〉　　　裏面

限時接点　瞬時接点

SM　ワレンモータ

CC クラッチコイル

- 端子番号1と7：操作電源
- 端子番号6と8：限時動作メーク接点
- 端子番号5と8：限時動作ブレーク接点

84 タイマ回路

タイマの配線の仕方 －タイマ回路－

■限時動作メーク接点TLR-m、限時動作ブレーク接点TLR-bを有するタイマを動作させるための回路を**タイマ回路**といいます。

- タイマを駆動するための電源は、ソケットの端子番号1と7（例：次ページの図の場合）に、入力信号用押しボタンスイッチBSを直列にして、制御電源（例：電池）に接続します。
- タイマの限時動作メーク接点TLR-m（例：ソケット端子番号8と6）に赤ランプRD-Lを、また限時動作ブレーク接点TLR-b（例：ソケット端子番号8と5）に緑ランプGN-Lを、それぞれ直列にして制御電源に接続します。

注：タイマのソケット端子番号は、例を示してあります。

タイマ回路のシーケンス図 －例－

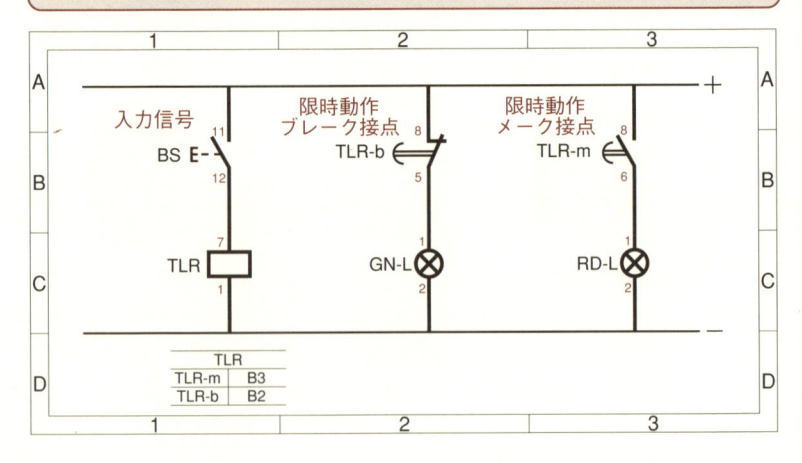

	TLR
TLR-m	B3
TLR-b	B2

列1: 入力信号 BS、TLR
列2: 限時動作ブレーク接点 TLR-b、GN-L
列3: 限時動作メーク接点 TLR-m、RD-L

タイマ回路の実体配線図

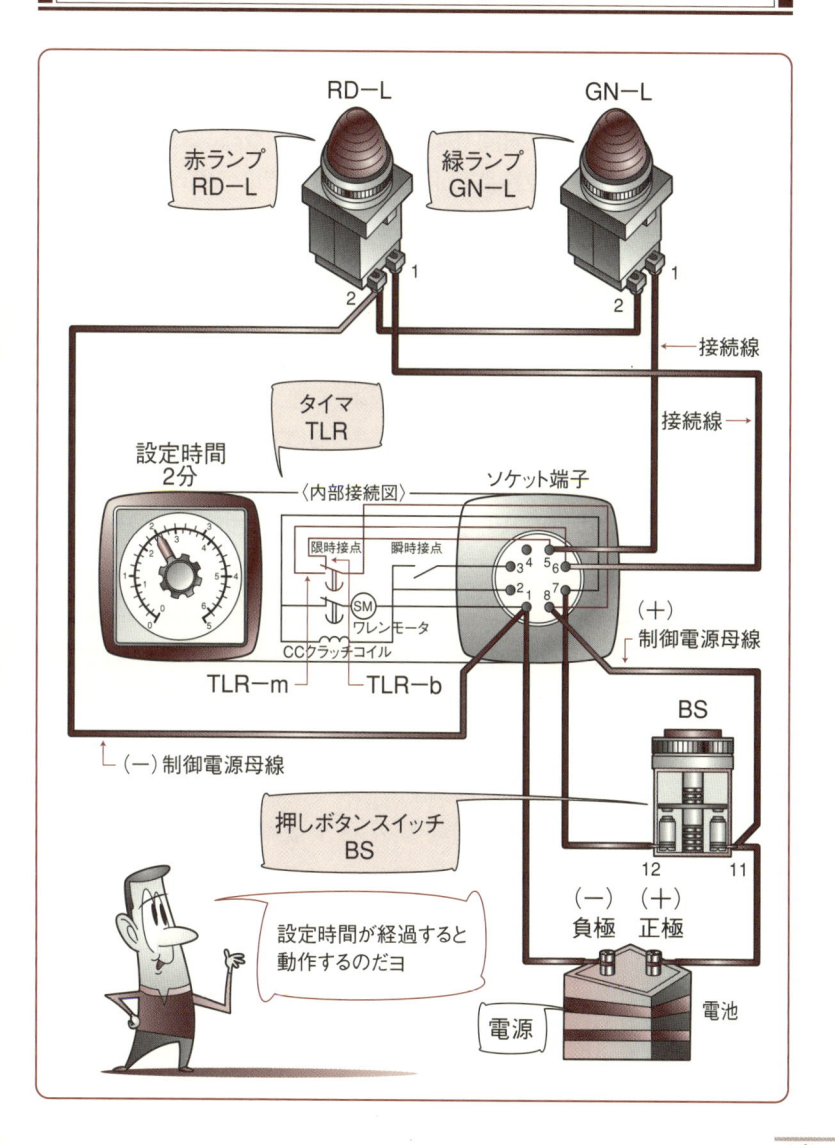

RD-L GN-L

赤ランプ RD-L
緑ランプ GN-L

接続線

タイマ TLR

設定時間 2分

〈内部接続図〉 ソケット端子

限時接点　瞬時接点
SM ワレンモータ
CC クラッチコイル

TLR-m　TLR-b

(＋)制御電源母線

(－)制御電源母線

押しボタンスイッチ BS

BS

設定時間が経過すると動作するのだヨ

(－) (＋)
負極　正極

電源　電池

85 タイマ回路の動作

入力信号を入れると設定時間後に動作する

■入力信号を入れ、設定時間（例：2分）が経過すると、タイマが動作して、限時動作ブレーク接点TLR-bが開き、緑ランプGN-Lが消灯し、限時動作メーク接点TLR-mが閉じ、赤ランプRD-Lが点灯します。

- 押しボタンスイッチBSを押す（入力信号「1」）と、閉じて、タイマの駆動部TLRに電流が流れる（すぐには動作しない）。
- 設定時間（例：2分）が経過すると、タイマTLRが動作する。
- タイマが動作すると、限時動作ブレーク接点TLR-bが開く。
- タイマが動作すると、限時動作メーク接点TLR-mが閉じる。
- 限時動作ブレーク接点TLR-bが開くと、緑ランプGN-Lが消灯する。
- 限時動作メーク接点TLR-mが閉じると、赤ランプRD-Lが点灯する。

入力信号を切ると瞬時に復帰する

■入力信号を切る（「0」）と、タイマは瞬時に復帰して、限時動作ブレーク接点TLR-b、限時動作メーク接点TLR-mが切り換わります。

- 押しボタンスイッチBSを押す手を離す（入力信号「0」）と、開いて、タイマの駆動部TLRに電流が流れず、瞬時に復帰する。
- タイマが復帰すると、限時動作ブレーク接点TLR-bが閉じる。
- タイマが復帰すると、限時動作メーク接点TLR-mが開く。
- 限時動作ブレーク接点TLR-bが閉じると、緑ランプGN-Lが点灯する。
- 限時動作メーク接点TLR-mが開くと、赤ランプRD-Lが消灯する。
- これで、押しボタンスイッチBSを押す前の状態に戻る。

タイマ回路の動作図実例

入力信号を「1」にし設定時間後の動作図

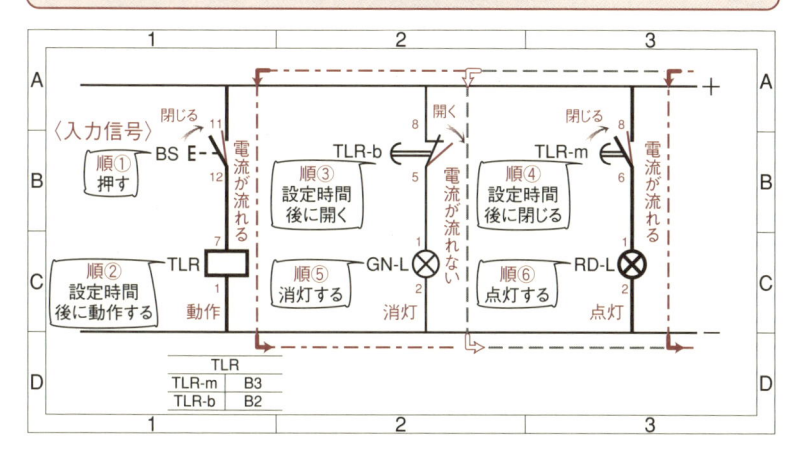

- 〈入力信号〉
- 順① 押す（BS 閉じる 11-12）
- 順② 設定時間後に動作する（TLR 動作 7-1）
- 順③ 設定時間後に開く（TLR-b 開く 8-5）
- 順④ 設定時間後に閉じる（TLR-m 閉じる 8-6）
- 順⑤ 消灯する（GN-L 消灯 1-2）
- 順⑥ 点灯する（RD-L 点灯）
- 電流が流れる／電流が流れない

TLR	
TLR-m	B3
TLR-b	B2

入力信号を「0」にし瞬時復帰の動作図

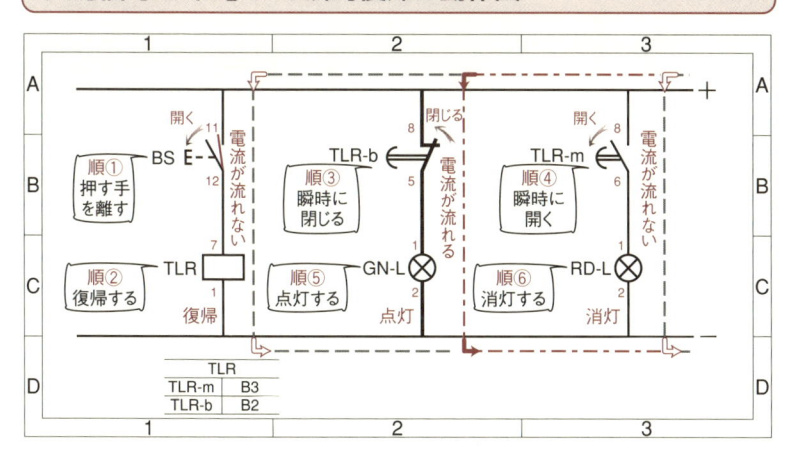

- 順① 押す手を離す（BS 開く 11-12）
- 順② 復帰する（TLR 復帰）
- 順③ 瞬時に閉じる（TLR-b 閉じる）
- 順④ 瞬時に開く（TLR-m 開く）
- 順⑤ 点灯する（GN-L 点灯）
- 順⑥ 消灯する（RD-L 消灯）
- 電流が流れない／電流が流れる／電流が流れない

TLR	
TLR-m	B3
TLR-b	B2

86 遅延動作回路

一定時間後に、自動的に始動し運転する

■ **遅延動作回路**とは、入力信号が「1」になってから、一定時間（タイマの設定時間）経過後に、出力信号が「1」になる回路をいいます。

- 遅延動作回路は、設備、機器を入力信号を入れてから、希望する時間（設定時間）遅らせて自動的に始動、運転する際に用います。

■ 遅延動作回路は、限時動作メーク接点を有するタイマ回路に、自己保持回路を組み合わせた回路です。

- 始動・停止は、自己保持回路の2個の押しボタンスイッチBS1（メーク接点：始動）、BS2（ブレーク接点：停止）により行います。
- 遅延動作は、タイマの限時動作メーク接点の設定時間後に動作して閉じる機能により行います。

遅延動作回路のシーケンス図 －例－

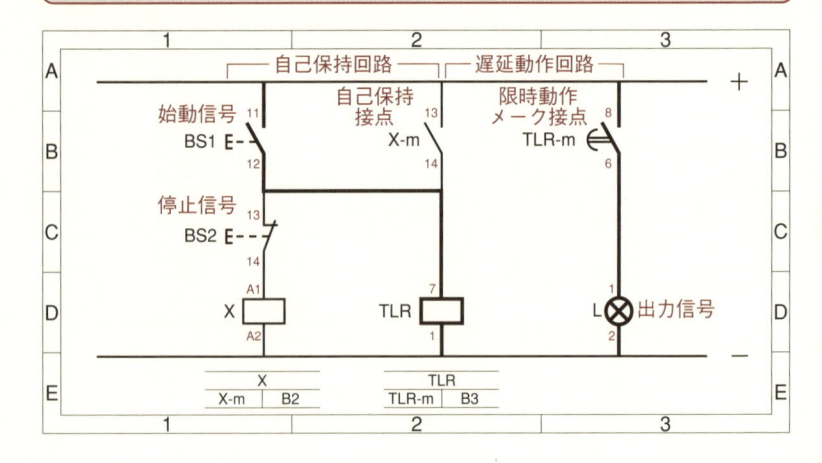

遅延動作回路

遅延動作回路の実体配線図

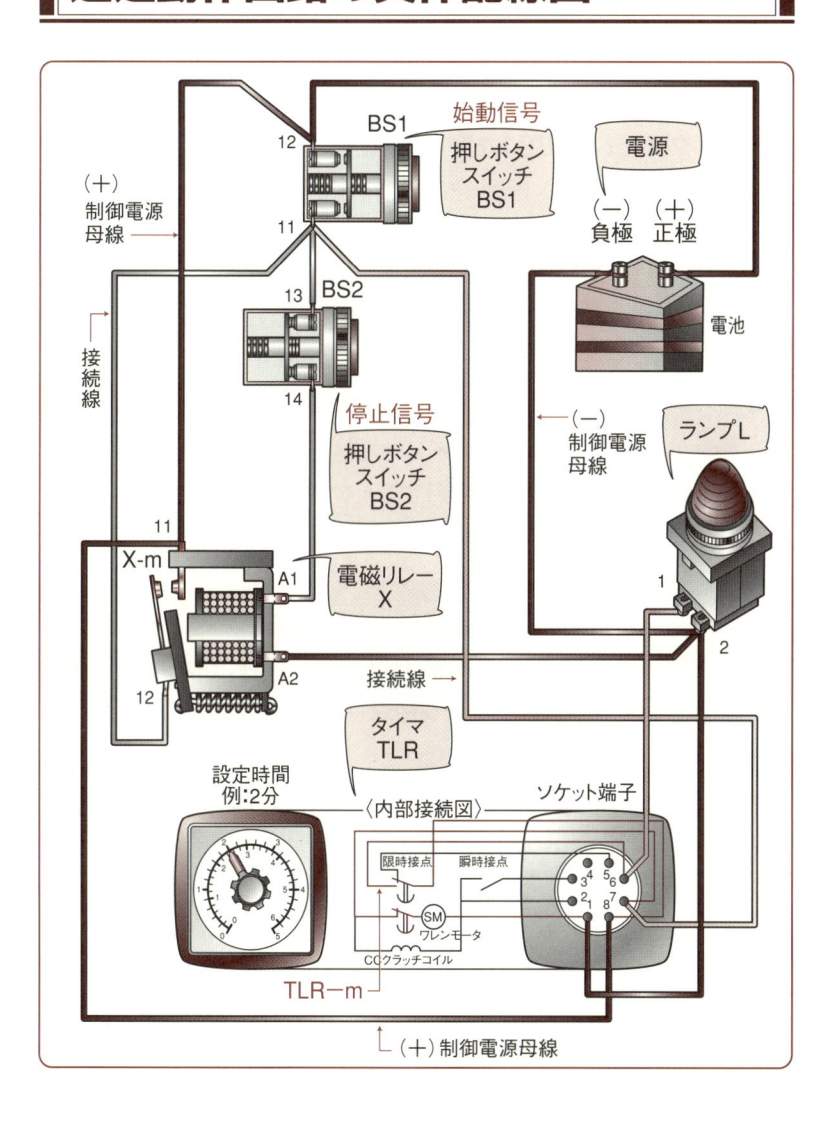

(＋)制御電源母線

接続線

始動信号
BS1
押しボタンスイッチBS1

電源
(−)負極 (＋)正極

電池

BS2

停止信号
押しボタンスイッチBS2

(−)制御電源母線

ランプL

X-m
電磁リレーX

接続線→

タイマTLR

設定時間
例:2分

〈内部接続図〉

限時接点　瞬時接点
SM ワレンモータ
CC クラッチコイル

TLR−m

ソケット端子

(＋)制御電源母線

87 遅延動作回路の動作

設定時間経過後に出力信号が「1」になる

■押しボタンスイッチBS1を押す（始動信号「1」）と、タイマTLRは設定時間（例：2分）経過後に、動作して限時動作メーク接点TLR-mが閉じ、ランプLを点灯（出力信号「1」）します。

- 押しボタンスイッチBS1を押すと、メーク接点は閉じて、電磁リレーXのコイルに電流が流れ、電磁リレーXは動作し、メーク接点X-mが閉じて、自己保持する　－BSを押す手を離す－
- 押しボタンスイッチBS1を押すと閉じて、タイマTLRの駆動部に電流が流れ付勢する　－タイマは付勢しても動作しない－
- 設定時間（例：2分）が経過すると動作して、限時動作メーク接点TLR-mが閉じ、ランプLが点灯する。

停止信号を入れると瞬時に出力信号が「0」になる

■押しボタンスイッチBS2を押す（停止信号「1」）と、タイマTLRは瞬時に復帰して、限時動作メーク接点TLR-mが開き、ランプLを消灯（出力信号「0」）します。

- 押しボタンスイッチBS2を押すと、ブレーク接点は開き、電磁リレーXのコイルに電流が流れず、復帰し、メーク接点X-mが開いて、自己保持を解く。
- 自己保持接点X-mが開くと、タイマTLRの駆動部に電流が流れず、タイマは瞬時に復帰する。
- タイマが復帰すると、限時動作メーク接点TLR-mが開き、ランプLが消灯する。

遅延動作回路の動作図実例

始動信号を入れたときの動作図

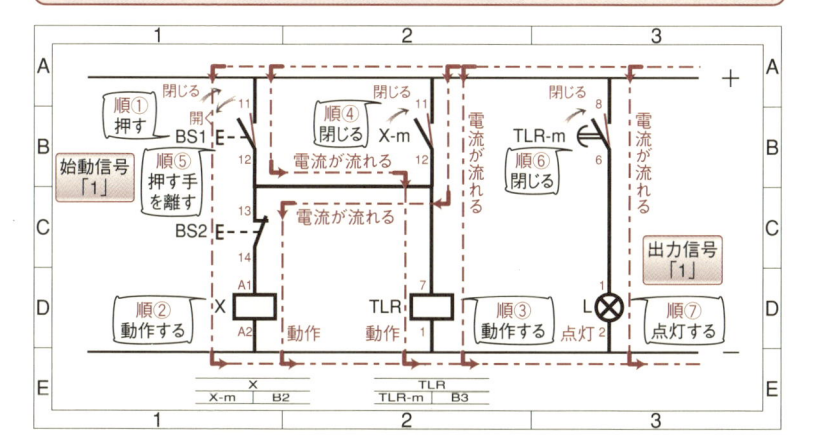

停止信号を入れたときの動作図

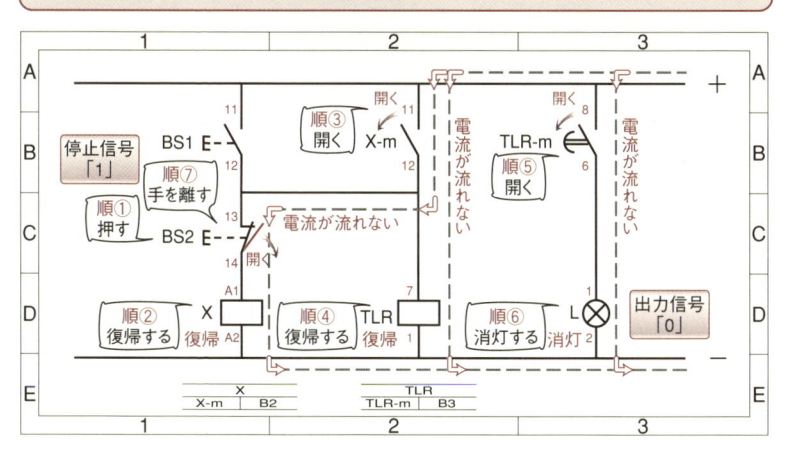

88 一定時間動作回路

一定時間運転後、自動的に停止する

■ **一定時間動作回路**とは、入力信号が「1」になると、出力信号も「1」になり、一定時間（タイマの設定時間）経過すると、自動的に出力信号が「0」になる回路をいいます。
- 一定時間動作回路は、設備・機器などを一定時間運転した後に、自動的に停止させるようなときに用いられます。

■ 一定時間動作回路は、押しボタンスイッチBSとタイマの限時動作ブレーク接点TLR-bを直列にし、電磁リレーのコイルに接続します。
- 電磁リレーの自己保持接点$X\text{-}m_1$を押しボタンスイッチBSと並列にし、タイマの駆動部TLRを自己保持接点と直列に接続します。
- 電磁リレーXの出力接点$X\text{-}m_2$をランプLに直列に接続します。

一定時間動作回路のシーケンス図　−例−

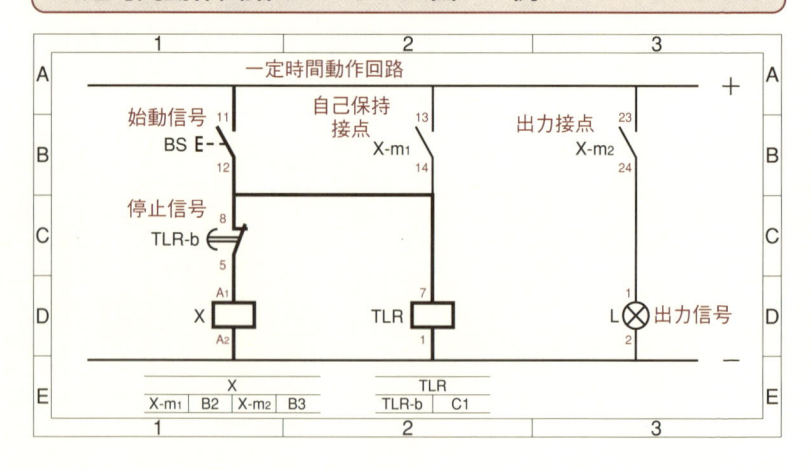

一定時間動作回路

一定時間動作回路の実体配線図

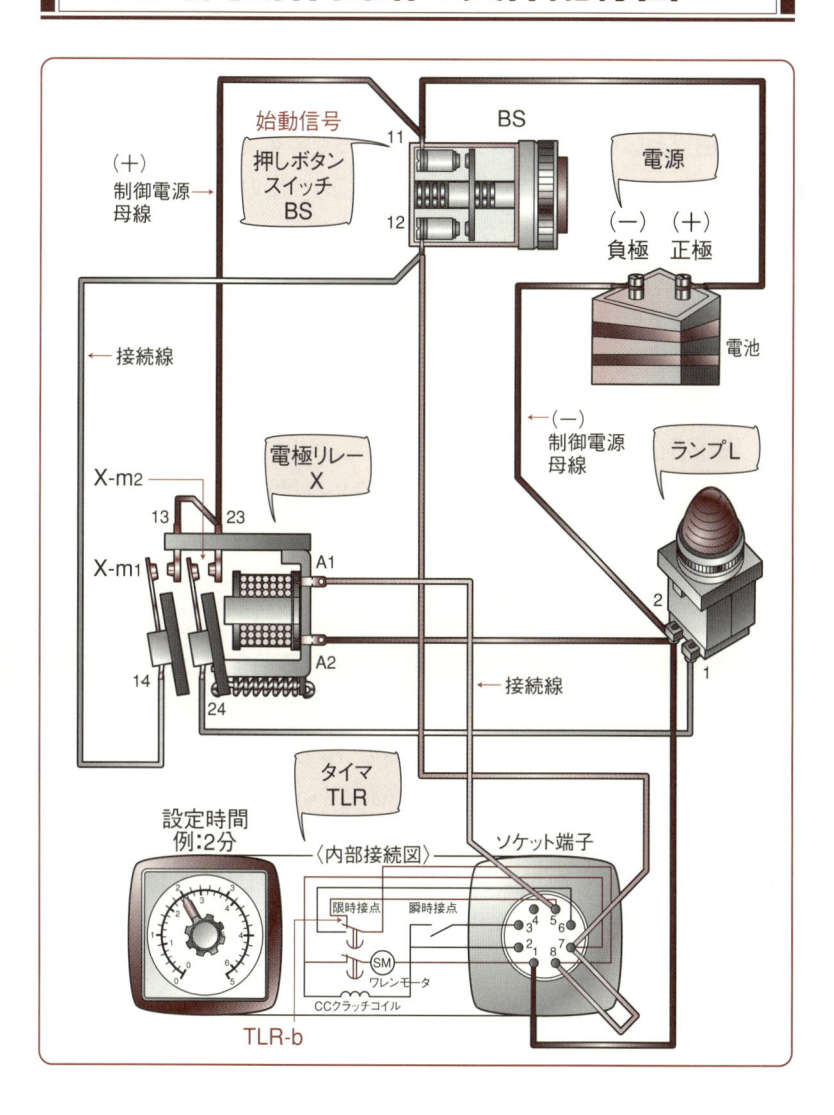

始動信号
押しボタンスイッチ BS
BS
11
12
電源
(－)負極 (＋)正極
(＋) 制御電源母線
←接続線
電池
←(－) 制御電源母線
ランプL
電極リレー X
X-m2
13 23
X-m1
A1
A2
14 24
←接続線
2
1
タイマ TLR
設定時間 例:2分
〈内部接続図〉
ソケット端子
限時接点 瞬時接点
SM ワレンモータ
CCクラッチコイル
TLR-b

89 一定時間動作回路の動作

始動信号を「1」にすると出力信号が「1」になる

■始動信号として、押しボタンスイッチBSを押す（始動信号「1」）と、電磁リレーXが動作して、ランプ Lが点灯（出力信号「1」）し、タイマの駆動部TLRに電流が流れ付勢します。

- 押しボタンスイッチBSを押すと、メーク接点が閉じて、電磁リレーXのコイルに電流が流れ、電磁リレーXは動作し、メーク接点X-m_1が閉じて、自己保持する　－BSを押す手を離す－
- 押しボタンスイッチBSを押すと閉じて、タイマTLRの駆動部に電流が流れ付勢する　－タイマは付勢しても動作しない－
- 電磁リレーXが動作すると、出力接点X-m_2が閉じて、ランプ Lに電流が流れ、点灯（出力信号「1」）する。

一定時間が経過すると自動的に出力信号が「0」になる

■一定時間（タイマの設定時間（例：2分））経過すると、タイマTLRが動作して、限時動作ブレーク接点TLR-bが開き、電磁リレーXが復帰して、ランプ Lが消灯（出力信号「0」）する。

- タイマの設定時間（例：2分）が経過すると、タイマは動作し、限時動作ブレーク接点TLR-bを開く。
- 限時動作ブレーク接点TLR-bが開くと、電磁リレーXのコイルに電流が流れず、電磁リレーXは復帰し、自己保持接点X-m_1が開き、自己保持を解き、タイマ駆動部TLRに電流が流れず、消勢する。
- 電磁リレーXが復帰すると、出力接点X-m_2が開いて、ランプ Lに電流が流れず、消灯（出力信号「0」）する。

一定時間動作回路の動作

一定時間動作回路の動作図実例

始動信号「1」の動作図

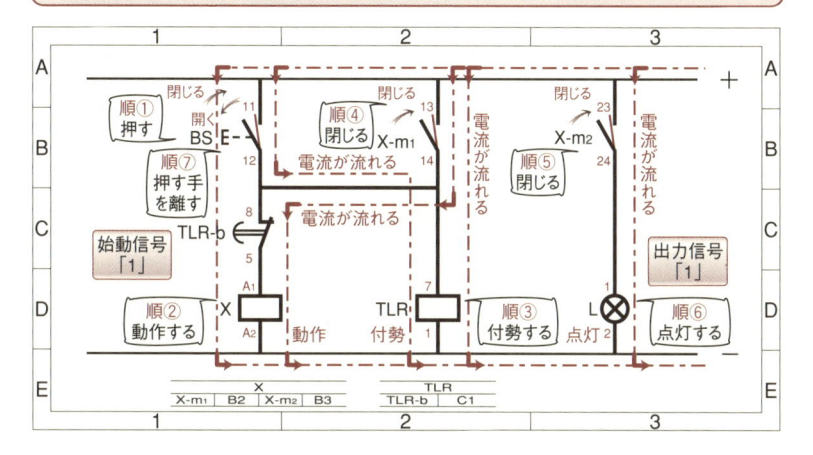

- 順① 押す
- 閉じる
- 順④ 閉じる X-m₁
- 閉じる
- 順⑤ 閉じる X-m₂
- 電流が流れる
- 順⑦ 押す手を離す
- 電流が流れる
- 電流が流れる
- BS 11/12
- 始動信号「1」
- TLR-b 8/5
- 電流が流れる
- 順② 動作する X A₁/A₂ 動作
- TLR 7/1 付勢
- 順③ 付勢する
- L 1/2 点灯
- 出力信号「1」
- 順⑥ 点灯する

X | X-m₁ | B2 | X-m₂ | B3
TLR | TLR-b | C1

一定時間経過後の動作図

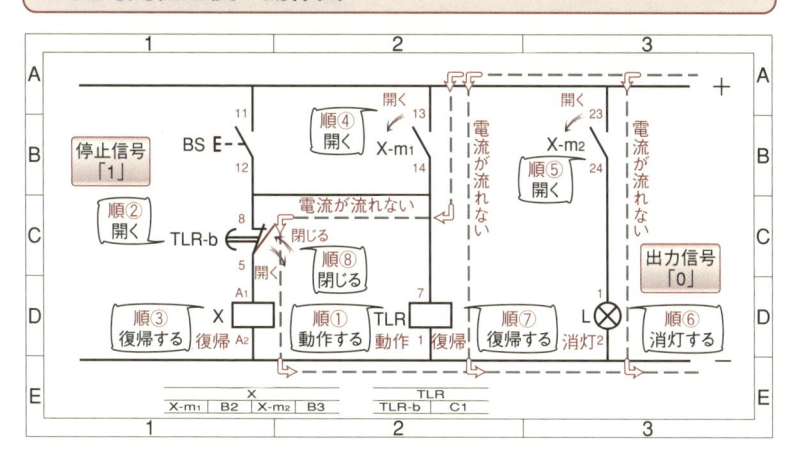

- 停止信号「1」
- BS 11/12
- 順④ 開く X-m₁
- 開く
- 順⑤ 開く X-m₂
- 電流が流れない
- 電流が流れない
- 順② 開く TLR-b 8/5
- 電流が流れない
- 閉じる
- 順⑧ 閉じる
- 開く
- 順③ 復帰する X A₁/A₂ 復帰
- 順① 動作する TLR 7/1 動作 復帰
- 順⑦ 復帰する
- L 1/2 消灯
- 出力信号「0」
- 順⑥ 消灯する

X | X-m₁ | B2 | X-m₂ | B3
TLR | TLR-b | C1

90 門灯の自動点滅回路

暗くなると門灯が自動的に点灯する

- 自動点滅器を用いて、門灯を周囲が暗くなる夕方に自動的に点灯し、翌日の朝、明るくなると、自動的に消灯するようにすると便利です。
- 夕方、周囲が暗くなると、自動点滅器の硫化カドミウム板（CdSセル）の電気抵抗が大きいため、ヒータに流れる電流が少なく、バイメタル接点は閉じているので、門灯は点灯します。
- 朝、周囲が明るくなると、CdSセルの電気抵抗が小さいため、ヒータに流れる電流が多くバイメタル接点は反って開き、門灯は消灯します。
- 自動点滅器のCdSセルは、光が多く当たると電気抵抗が小さくなり、光が少なく当たると電気抵抗が大きくなる性質をもっています。
  - CdSセルによりヒータを加熱し、バイメタル接点を開閉します。

自動点滅器　－例－

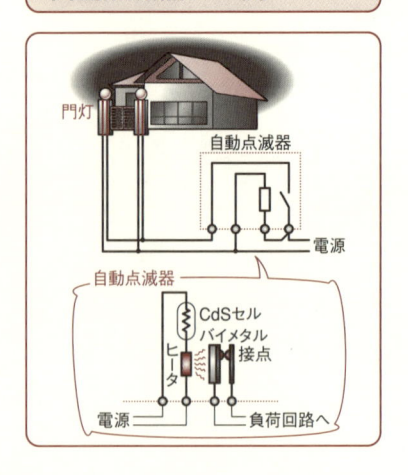

シーケンス図　－例－

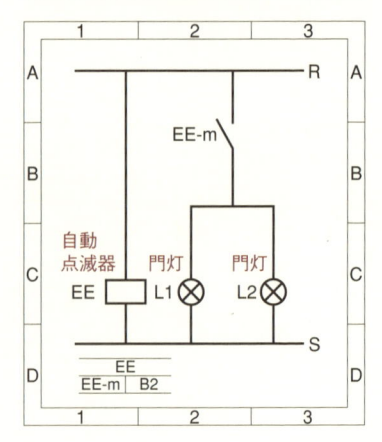

9

シーケンス制御の実用回路

91 駐車場の空車・満車表示回路

駐車場への駐車可否を表示する －AND回路・NAND回路応用例－

- **駐車場の空車・満車表示回路**とは、屋外または屋内の駐車場が、今駐車する場所があるのか、または駐車する場所がないのかを、満車表示、空車表示によって、ドライバーに知らせる設備をいいます。
- 駐車場所に車が駐車しているか、いないかは光電スイッチPHOS（Photo electric switch：16項参照）で検出します。
  - 光電スイッチは、投光器の光を遮断すると動作しますので、車が駐車すると光を遮断し、動作します。
- 空車・満車表示回路は、**AND回路**、**NAND回路の応用**で、光電スイッチと電磁リレーを増やし、そのメーク接点、ブレーク接点を直列（AND回路）、並列（NAND回路）に接続すれば駐車台数を増やせます。

駐車場の空車・満車表示設備　例：2台の場合

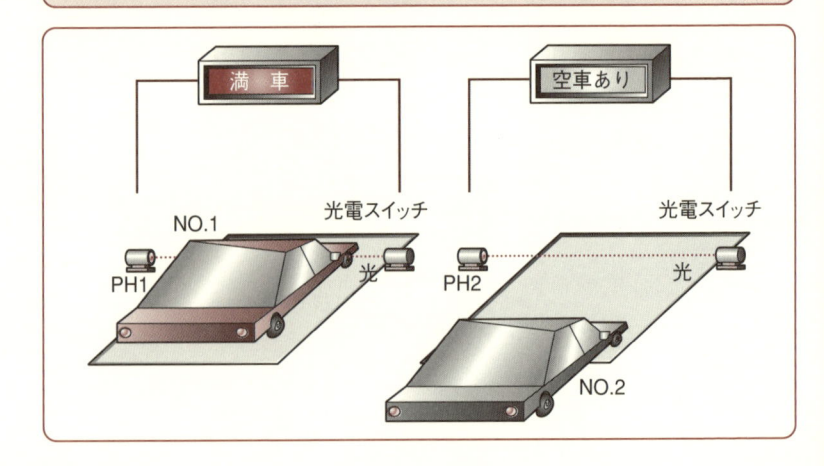

駐車場の空車・満車表示回路の実体配線図

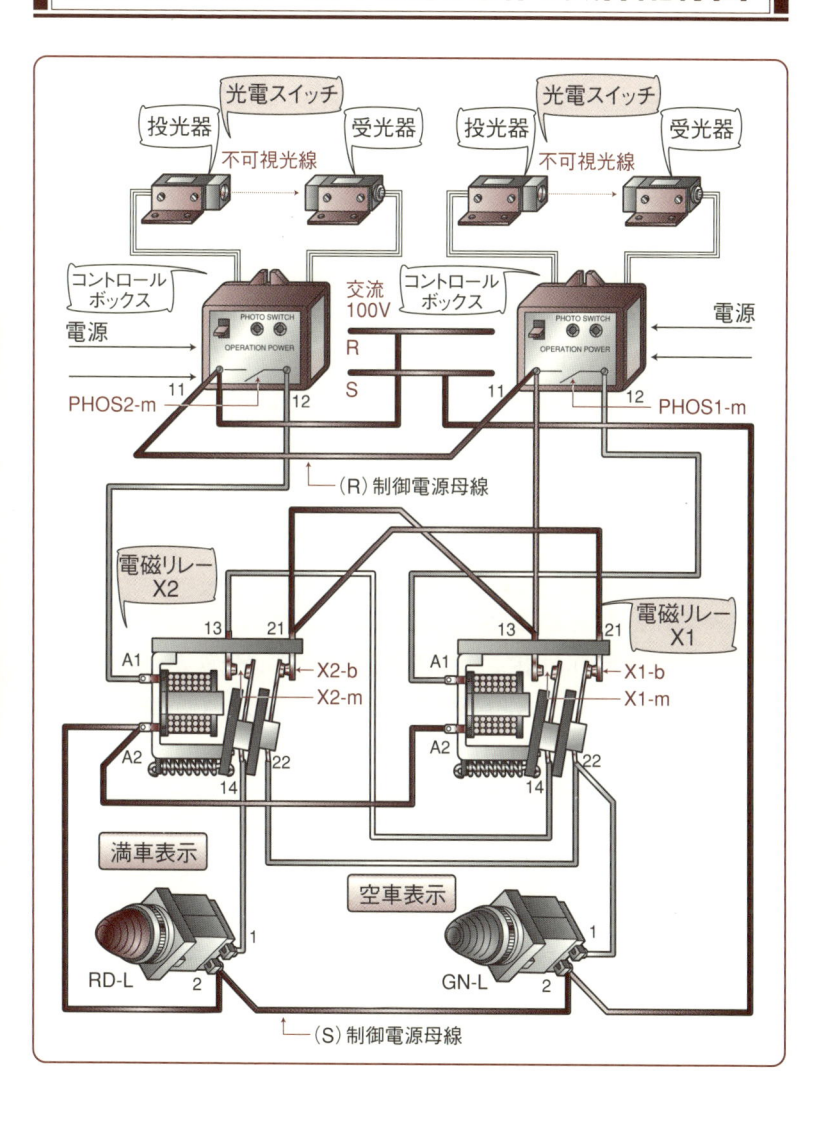

9 シーケンス制御の実用回路

92 駐車場の空車・満車表示回路の動作

駐車場の空車・満車表示回路の接続の仕方

■ 駐車場の空車・満車表示回路は、論理回路のAND回路（57項参照）とNAND回路（62項参照）を応用した回路です。

■ 2個の光電スイッチPHOSのそれぞれのメーク接点PHOS1-m、PHOS2-mを電磁リレーX1、X2のコイルに接続します。

- 電磁リレーX1とX2のそれぞれのメーク接点X1-m、X2-mを直列（AND回路）にし、赤ランプRD-L（満車表示）に接続します。
- 電磁リレーX1とX2のそれぞれのブレーク接点X1-b、X2-bを並列（NAND回路：62・63項参照）にし、緑ランプGN-L（空車表示）に接続します。

  注：ブレーク接点の並列接続もNAND回路の機能がある。

満車時の動作 －2台駐車した場合－

■ 2台の車が所定の位置に駐車すると、それぞれの光電スイッチが動作し、電磁リレーX1、X2が動作し、赤ランプRD-L（満車表示）が点灯し、緑ランプGN-L（空車表示）が消灯します。

- NO.1駐車位置に車が駐車すると、光電スイッチPHOS1の光を遮断して動作し、そのメーク接点が閉じ、電磁リレーX1を動作させるので、メーク接点X1-mが閉じ、ブレーク接点X1-bが開く。
  －X2-mが開のためRD-Lは消灯、X2-bが閉でGN-Lは点灯－
- NO.2駐車位置に車が駐車すると、光電スイッチPHOS2が動作し、電磁リレーX2を動作させるので、メーク接点X2-mが閉じ、ブレーク接点X2-bが開いて、RD-Lが点灯し、GN-Lが消灯する。

AND回路・NAND回路の応用例

空車・満車表示回路のシーケンス図 －例：2台の場合－

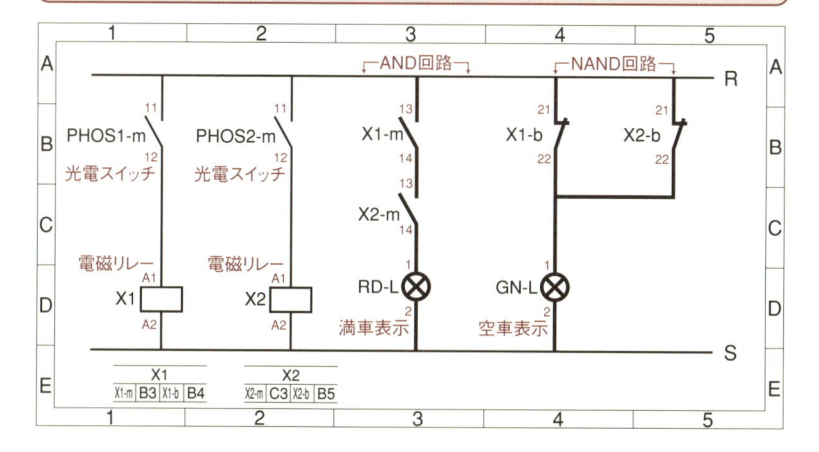

満車時の動作図 －満車表示：点灯、空車表示：消灯－

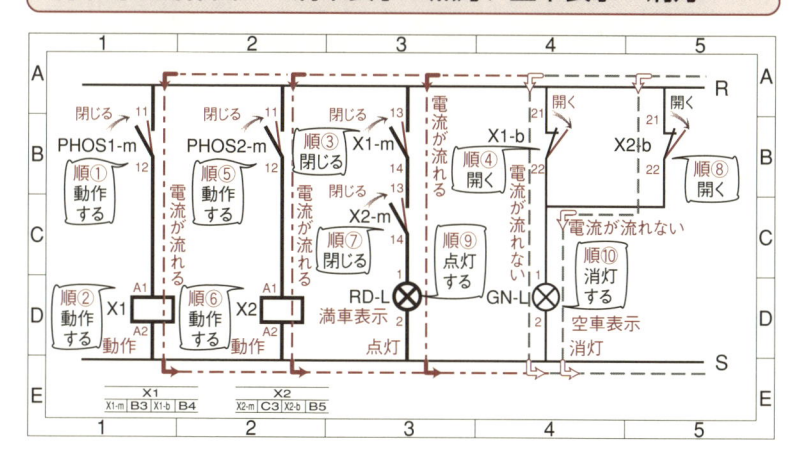

93 早押しクイズランプ表示回路

一番早く押した回答者だけのランプが点灯する －インタロック回路－

- 早押しクイズランプ表示回路は、テレビのクイズ番組などで、多くの回答者の中で一番早くボタンを押した人のみのランプが点灯し、司会者がその人を指名し回答させるときなどに用いられます。
- 早押しクイズランプ表示回路は、**インタロック回路**（71・72項参照）**を応用した回路**で、一番早くボタンを押すと、その電磁リレーが動作し、そのブレーク接点が開いて、他の電磁リレーの動作回路をロックしますので、後からボタンを押しても動作しません。
- シーケンス図は、回答者が2名の場合を示していますが、押しボタンスイッチと電磁リレーを増やし、そのブレーク接点を他の電磁リレーの動作回路にそれぞれ接続すれば、回答者を多くできます。

早押しクイズランプ表示回路のシーケンス図 －例：回答者2人－

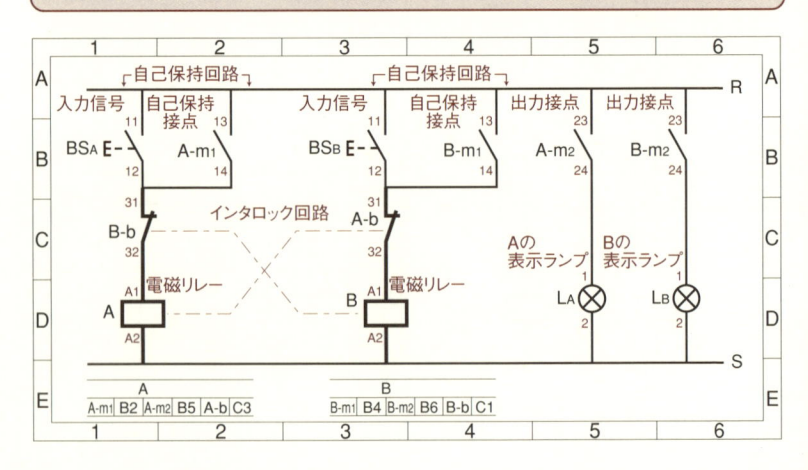

早押しクイズランプ表示回路の実体配線図

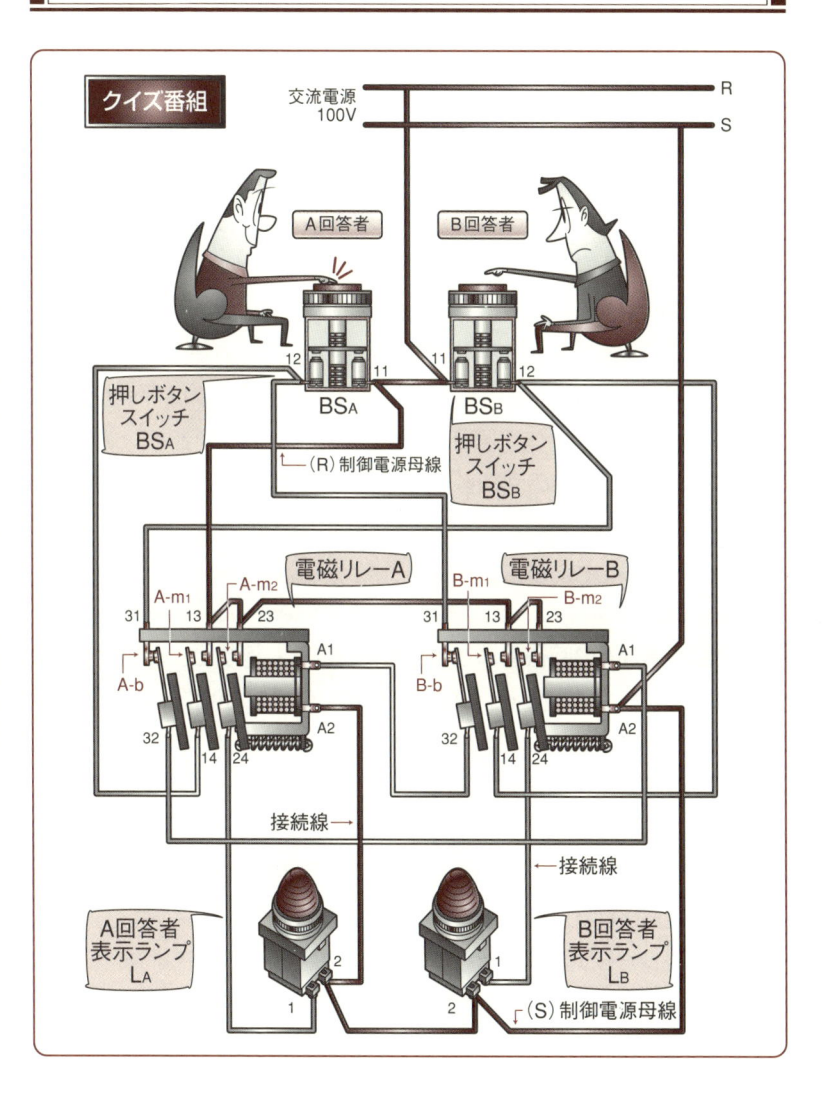

94 早押しクイズランプ表示回路の動作

A回答者がB回答者より早く押すとランプL_Aが点灯する

■Aの回答者がBの回答者よりもボタンを早く押すと、電磁リレーAが動作し、出力接点A-m_2が閉じて、出力信号L_Aが点灯し、ブレーク接点A-bが開いて、Bの回答者の入力信号をロックします。

- Aの回答者が、入力信号として押しボタンスイッチBS_Aを押すと、メーク接点が閉じて、電磁リレーAが動作する。
- 電磁リレーAが動作すると、自己保持接点A-m_1が閉じ自己保持し、出力接点A-m_2が閉じて出力信号として表示ランプL_Aが点灯する。
- 電磁リレーAが動作すると、ブレーク接点A-bが開きインタロックする －後からBの回答者が入力信号を入れても，ブレーク接点A-bが開いているので、電磁リレーBは動作しない－

B回答者がA回答者より早く押すとランプL_Bが点灯する

■Bの回答者がAの回答者よりも、ボタンを早く押すと、電磁リレーBが動作し、出力接点B-m_2が閉じて、出力信号L_Bが点灯し、ブレーク接点B-bが開いて、Aの回答者の入力信号をロックします。

- Bの回答者が、入力信号として押しボタンスイッチBS_Bを押すと、メーク接点が閉じて、電磁リレーBが動作する。
- 電磁リレーBが動作すると自己保持接点B-m_1が閉じ自己保持し、出力接点B-m_2が閉じて出力信号として、表示ランプL_Bが点灯する。
- 電磁リレーBが動作すると、ブレーク接点B-bが開きインタロックする －後からAの回答者が入力信号を入れても、ブレーク接点B-bが開いているので、電磁リレーAは動作しない－

早押しクイズランプ表示回路の動作

インタロック回路の応用例

AがBより先に押したときの動作図

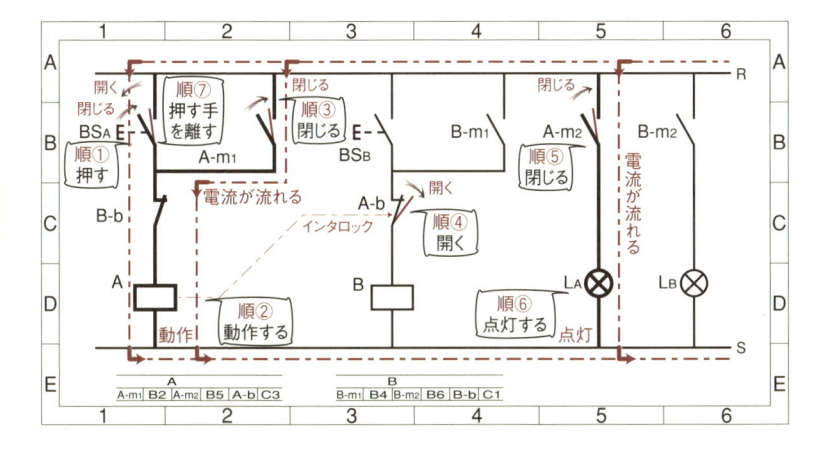

BがAより先に押したときの動作図

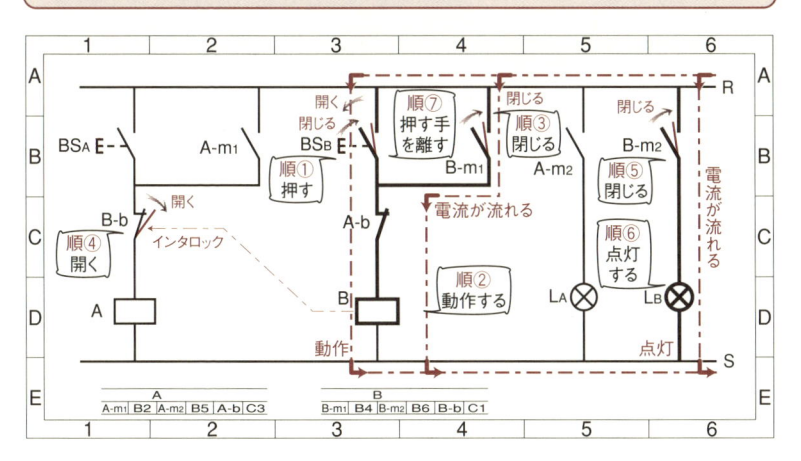

95 スプリンクラ散水回路

一定時間散水すると自動的に止まる －一定時間動作回路応用例－

■農園など植物を育てるところでは、スプリンクラにより散水すると便利です。

■**スプリンクラ散水回路**は、**一定時間動作回路**（88・89項参照）**を応用した回路**で、押しボタンスイッチBSで始動信号を与えると、電磁リレーXが動作し、そのメーク接点で、電磁弁を開き散水します。
- タイマTLRの設定時間（散水時間）が経過すると、自動的に散水は止まります。

■シーケンス図は、スプリンクラの散水口が3個の場合を示していますが、電磁リレーXのメーク接点と電磁弁を増やせば、散水口を多くすることができます。

スプリンクラ散水回路のシーケンス図　－例：散水口3個－

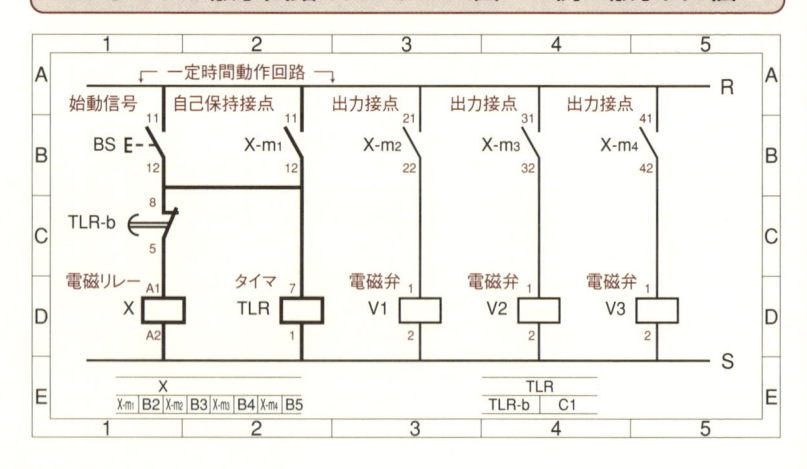

スプリンクラ散水回路

スプリンクラ散水回路の実体配線図

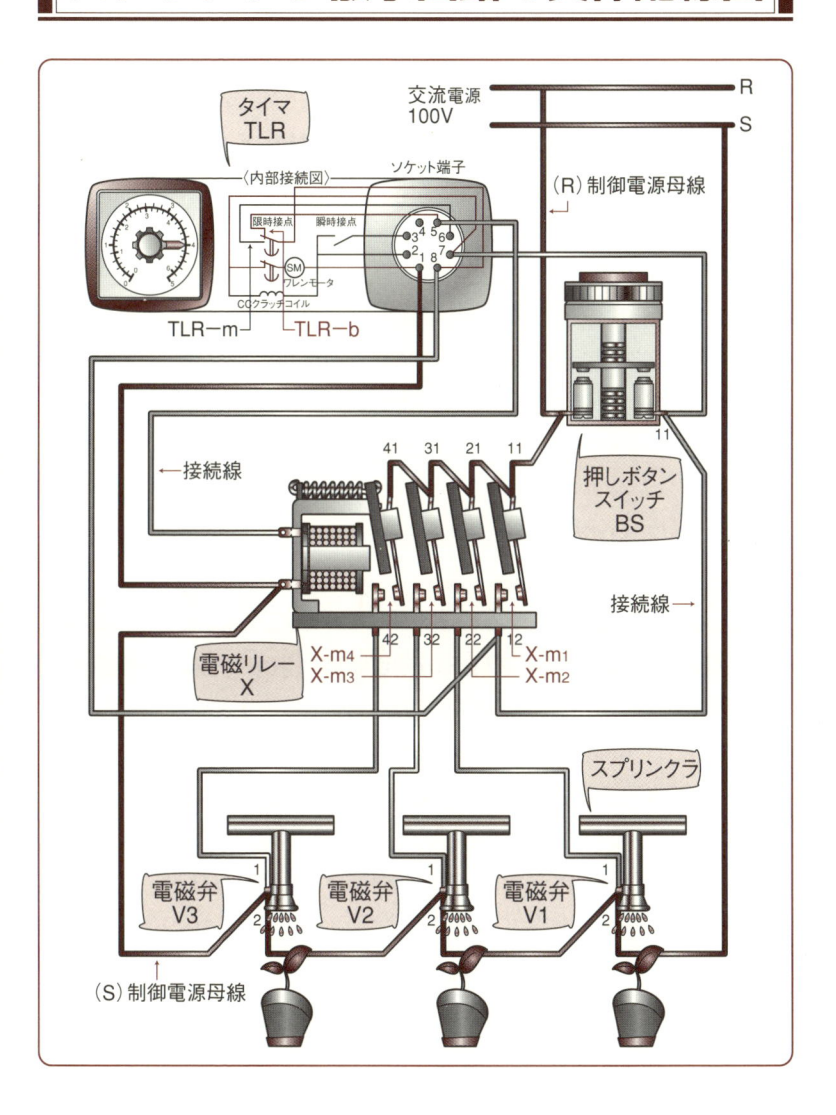

96 スプリンクラ散水回路の動作

始動信号を入れると散水を開始する

■スプリンクラ散水回路に始動信号として、押しボタンスイッチBSを押すと、電磁リレーXが動作して、電磁弁V1、V2、V3が開いて散水を開始します。

- 始動ボタンスイッチBSを押すと、メーク接点が閉じ、電磁リレーXのコイルに電流が流れ、電磁リレーXは動作する。
- メーク接点BSが閉じると、タイマTLRの駆動部に電流が流れ、タイマTLRは付勢する　－タイマは設定時前は動作しない－
- 電磁リレーXが動作すると自己保持接点X-m_1が閉じ自己保持する。
- 電磁リレーXが動作すると、出力接点X-m_2、X-m_3、X-m_4が閉じて、電磁弁が開き散水を開始する。

散水時間が経過すると自動的に散水を停止する

■スプリンクラは、タイマTLRの設定時間（散水時間）の間散水し、設定時間が過ぎると、自動的に散水を停止します。

- タイマTLRの設定時間（散水時間）が経過すると、限時動作ブレーク接点TLR-bが開くので、電磁リレーXは復帰する。
- 電磁リレーXが復帰すると、自己保持接点X-m_1が開き、自己保持を解くとともに、タイマTLRの駆動部に電流が流れず、復帰する。
- 電磁リレーXが復帰すると、出力接点X-m_2、X-m_3、X-m_4が開き、電磁弁のコイルに電流が流れず、弁が閉じて散水を停止する。
- タイマTLRが復帰すると、限時動作ブレーク接点TLR-bが閉じ、もとの状態に戻る。

スプリンクラ散水回路の動作

一定時間動作回路の応用例

散水開始の動作図　－始動信号「1」－

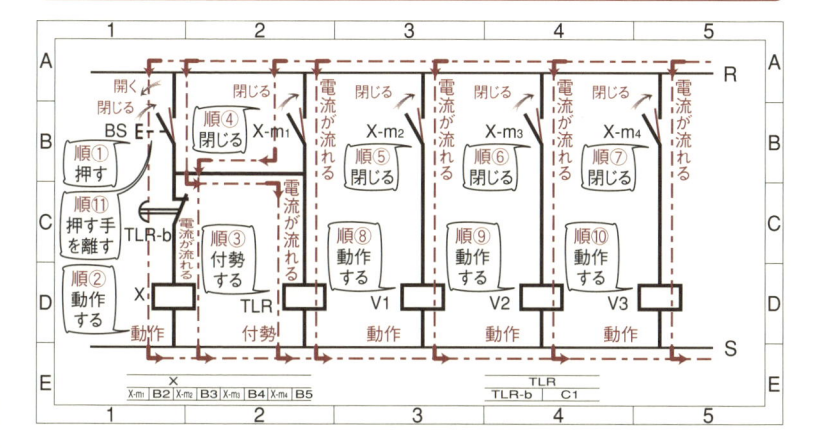

	1	2	3	4	5
A					R

開く／閉じる
BS E
順①押す
順⑪押す手を離す
TLR-b
順②動作する
X
動作

順④閉じる／閉じる
X-m₁
順③付勢する
TLR
付勢
電流が流れる

閉じる／電流が流れる
X-m₂
順⑤閉じる
順⑧動作する
V1
動作

閉じる／電流が流れる
X-m₃
順⑥閉じる
順⑨動作する
V2
動作

閉じる／電流が流れる
X-m₄
順⑦閉じる
順⑩動作する
V3
動作

電流が流れる
S

X: X-m₁|B2|X-m₂|B3|X-m₃|B4|X-m₄|B5
TLR: TLR-b|C1

散水停止の動作図　－タイマTLR動作－

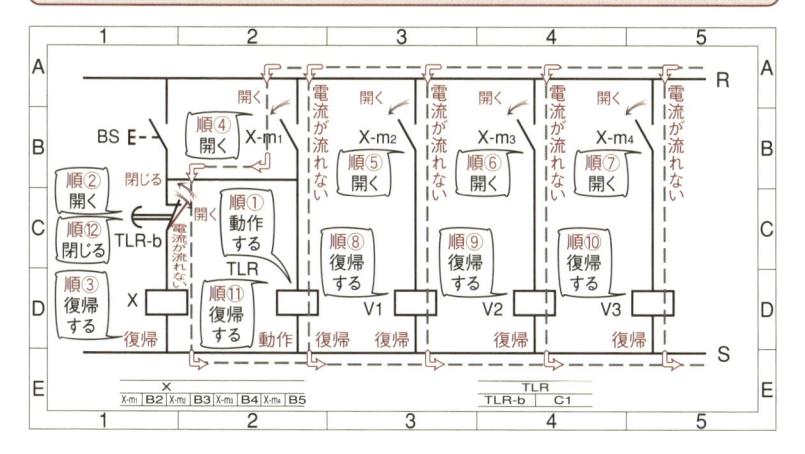

BS E
順②開く／閉じる
順⑫閉じる
TLR-b
順③復帰する
X
復帰

順④開く／開く
X-m₁
順①動作するTLR
順⑪復帰する
動作
電流が流れない

開く／電流が流れない
X-m₂
順⑤開く
順⑧復帰する
V1
復帰

開く／電流が流れない
X-m₃
順⑥開く
順⑨復帰する
V2
復帰

開く／電流が流れない
X-m₄
順⑦開く
順⑩復帰する
V3
復帰

97 侵入者警報回路

光電スイッチで侵入者を検出する －自己保持回路の応用例－

■**侵入者警報回路**は、不可視光線（赤外線）を利用した人間の目には見えない光のカーテンをビル、工場や倉庫などの建物の入り口に設け、夜間などの不法侵入者を監視するのに用いられます。

■侵入者警報回路は、光電スイッチの投光器からの光を人が遮ることによって、警報ベルを鳴らし、別棟にいる警備員に知らせます。

■侵入者警報回路は、**自己保持回路**（69・70項参照）**を応用した回路**です。始動信号は光電スイッチのメーク接点PHOS-mで、光の遮断を入力信号とし、停止信号はブレーク接点を有する押しボタンスイッチ$BS_切$です。自己保持接点$X-m_1$で自己保持を取り、出力接点$X-m_2$に警報ベルBLを接続します。

侵入者警報回路のシーケンス図 －自己保持回路応用例－

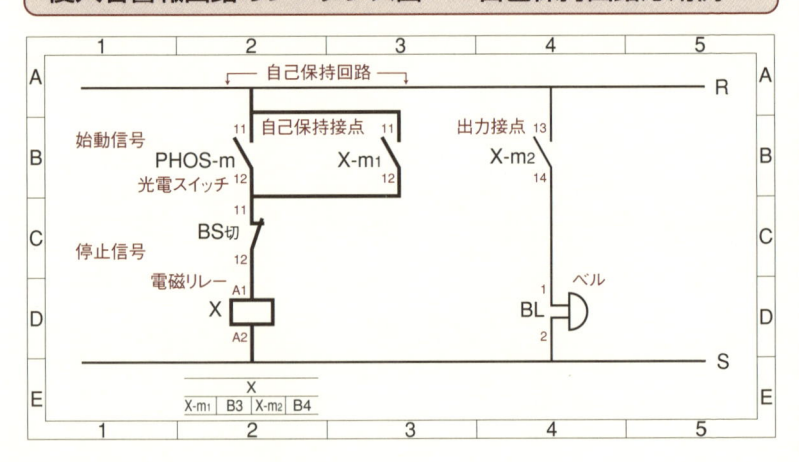

侵入者警報回路の実体配線図

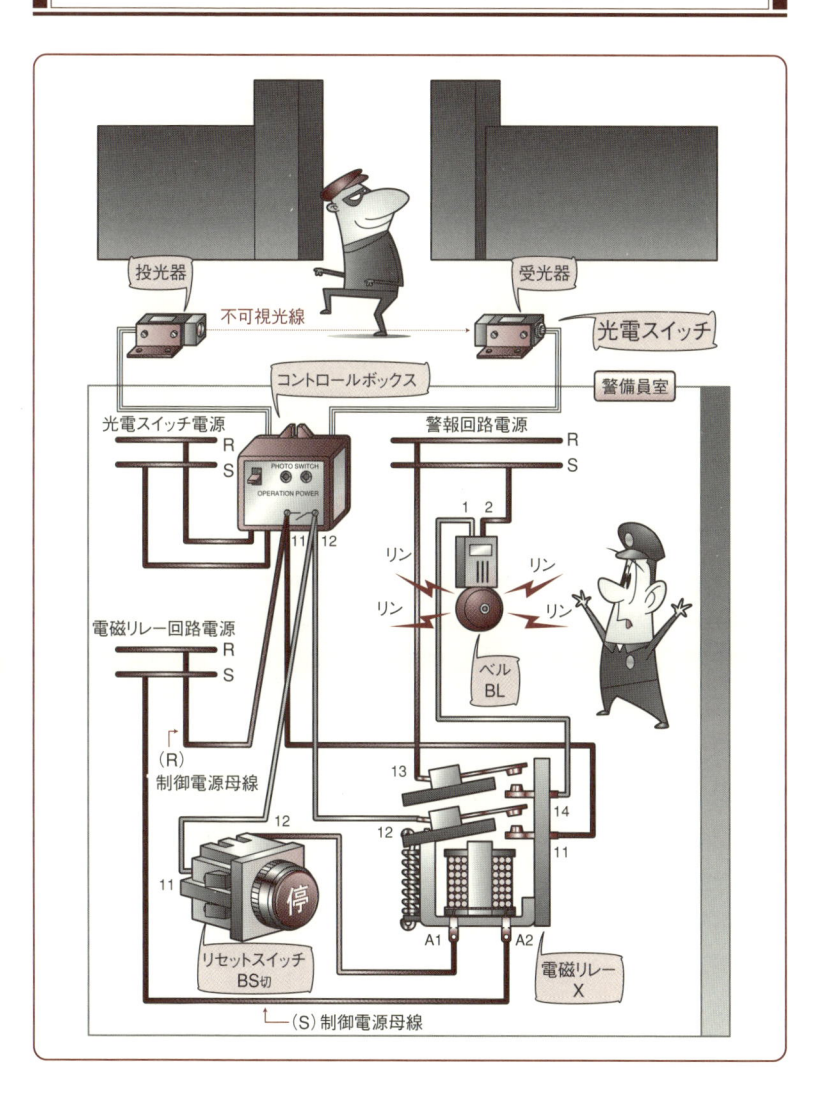

投光器　不可視光線　受光器　光電スイッチ

コントロールボックス　警備員室

光電スイッチ電源　警報回路電源

PHOTO SWITCH OPERATION POWER

ベル BL

電磁リレー回路電源

(R) 制御電源母線

リセットスイッチ BS切

電磁リレー X

(S) 制御電源母線

98 侵入者警報回路の動作

侵入者があると警報ベルが鳴る

■侵入者があると、光電スイッチPHOSが動作し、その信号により、電磁リレーXが動作して、警報ベルBLが鳴り、警報を発します。

- 侵入者が、光電スイッチの投光器からの光（不可視光線）を遮断すると動作して、メーク接点PHOS-mが閉じる。
- メーク接点PHOS-mが閉じると、電磁リレーXを動作し、自己保持接点X-m_1が閉じ、電磁リレーXは自己保持する。
- 電磁リレーXが動作すると、出力接点X-m_2が閉じ、警報ベルBLに電流が流れ、鳴動して侵入者があることを警報する。
- 侵入者が投光器からの光（不可視光線）を通過すると、光電スイッチは復帰してメーク接点PHOS-mが開く。

停止ボタンを押すと警報ベルが鳴り止む

■停止押しボタンスイッチBS切を押すと、電磁リレーXが復帰して、警報ベルBLが鳴り止みます。

- 停止押しボタンスイッチBS切を押すと、ブレーク接点が開いて、電磁リレーXのコイルに電流が流れず、電磁リレーXは復帰する。
- 電磁リレーXが復帰すると、自己保持接点X-m_1が開き、自己保持を解く。
- 電磁リレーXが復帰すると、出力接点X-m_2が開き、警報ベルBLに電流が流れず、警報ベルは鳴り止む。
- 停止押しボタンスイッチBS切を押す手を離すと、ブレーク接点が閉じる－自己保持が解けているので、電磁リレーXは動作しない－

侵入者警報回路の動作

自己保持回路の応用例

侵入者があった場合の動作図

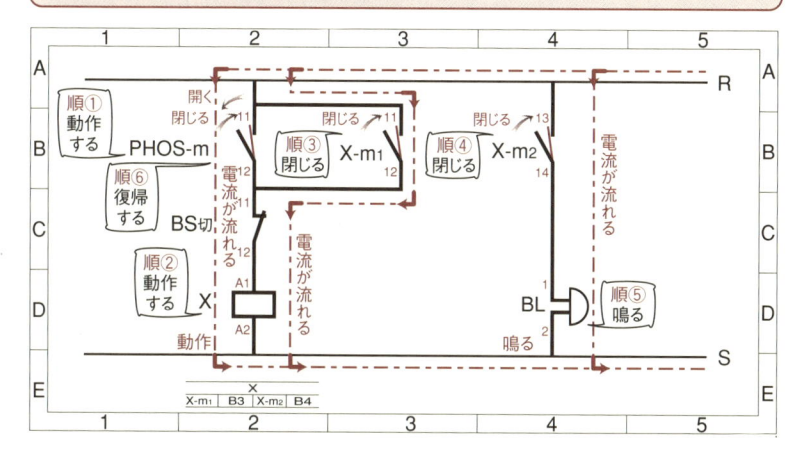

警報ベル解除の動作図

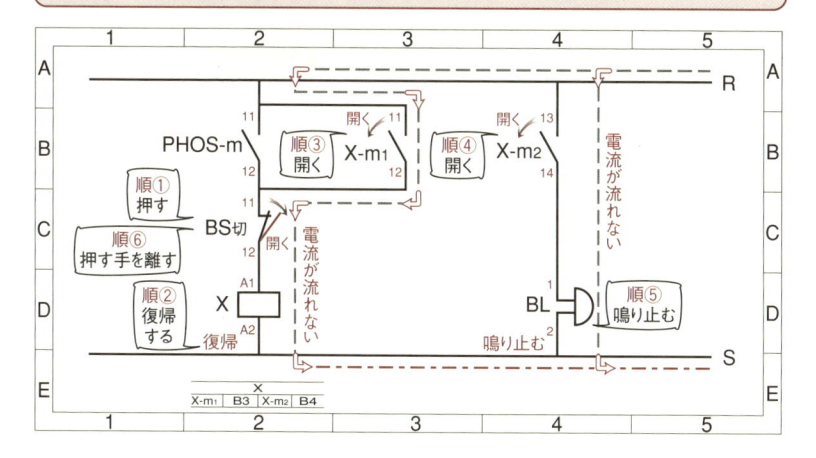

99 電動送風機の始動制御回路

送風機の駆動動力源として電動機を使用する

- 電動機は、電源からの電力の供給により機械動力を得ることができ、遠隔制御も比較的容易であることから、シーケンス制御系における動力源として、非常に多く採用されています。
- 電動機を動力源とする場合の**電動機の始動制御回路の応用例**として、電動送風機の始動制御回路について説明します。
  - 送風機Fを駆動する電動機Mの電源スイッチとして配線用遮断器MCCBを用い、主回路の開閉は電磁接触器MCで行います。
  - 電磁接触器MCの開閉操作は、2個の押しボタンスイッチ$BS_入$（始動）、$BS_切$（停止）で行い、電動機の運転時には赤ランプRD-L（運転表示）、停止時には緑ランプGN-L（停止表示）が点灯します。

電動送風機と制御盤 －電動機の始動制御の応用例－

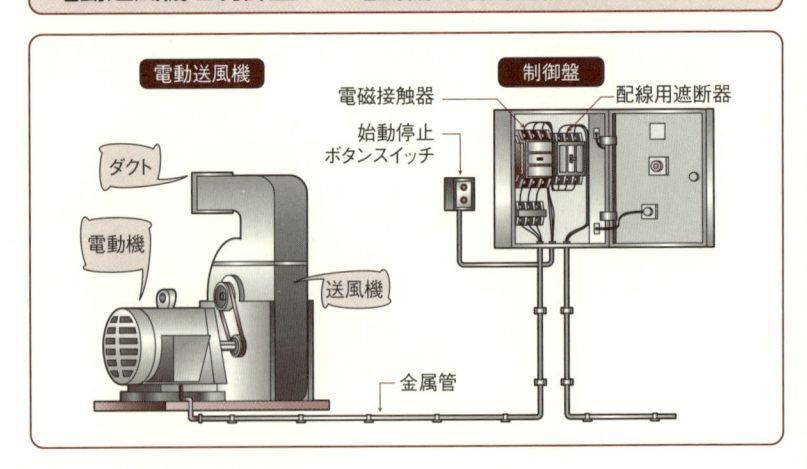

電動送風機の始動制御回路の実体配線図

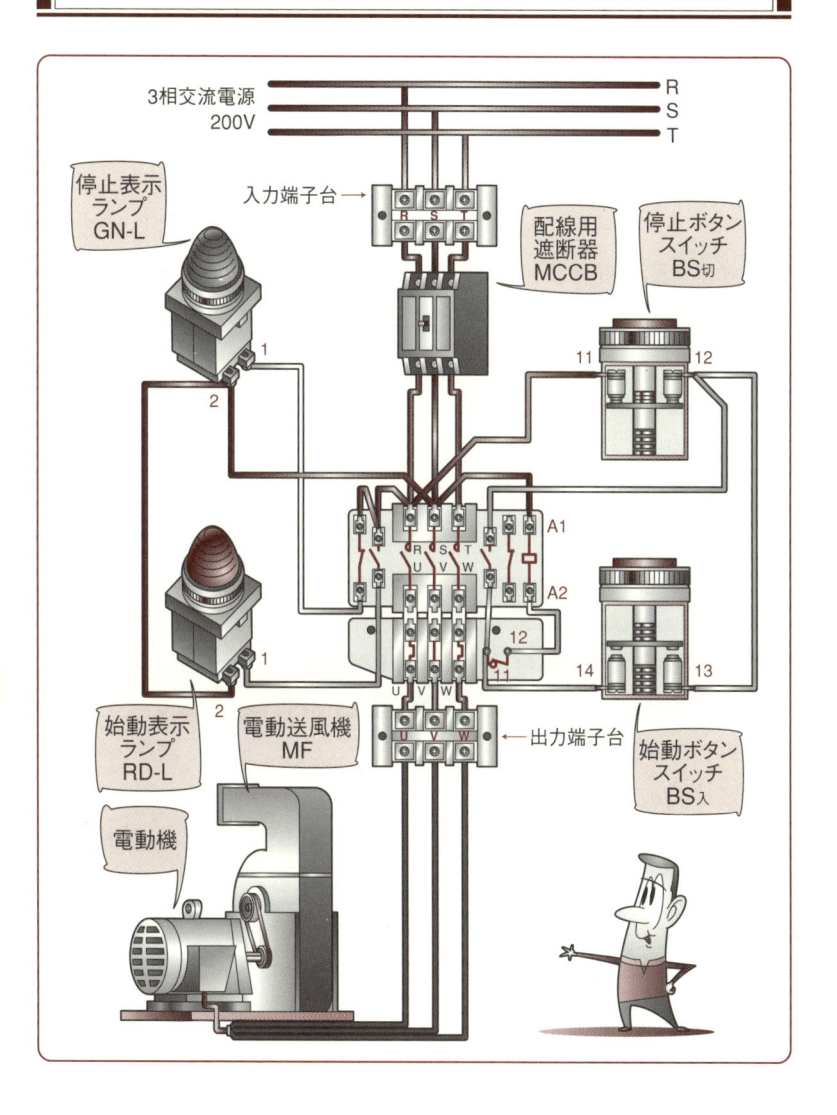

3相交流電源 200V
R
S
T

入力端子台

停止表示ランプ GN-L

配線用遮断器 MCCB

停止ボタンスイッチ BS切

始動表示ランプ RD-L

電動送風機 MF

出力端子台

始動ボタンスイッチ BS入

電動機

199

9 シーケンス制御の実用回路

100 電動送風機の始動制御回路の動作

始動信号を入れると電動送風機が始動する

■電動送風機の始動信号として、押しボタンスイッチ$BS_入$を押すと、電磁接触器MCが動作して、電動送風機MFが始動します。

- 電源スイッチである配線用遮断器MCCBを投入し、押しボタンスイッチ$BS_入$を押すと、電磁接触器MCが動作する。
- 電磁接触器MCが動作すると、主接点MCが閉じ、電動機Mに電流が流れ、電動送風機MFは始動し、運転する。
- 電磁接触器MCが動作すると、自己保持接点$MC-m_1$が閉じ、自己保持する。また電磁接触器MCが動作すると、ブレーク接点MC-bが開き、緑ランプGN-L（停止表示）が消灯し、メーク接点$MC-m_2$が閉じて、赤ランプRD-L（運転表示）が点灯する。

停止信号を入れると電動送風機は停止する

■電動送風機の停止信号として、押しボタンスイッチ$BS_切$を押すと、電磁接触器MCが復帰して、電動送風機MFは停止します。

- 押しボタンスイッチ$BS_切$を押すと、ブレーク接点が開き、電磁接触器MCが復帰する。
- 電磁接触器MCが復帰すると、主接点MCが開き、電動機Mに電流が流れず、電動送風機MFは停止する。
- 電磁接触器MCが復帰すると、自己保持接点$MC-m_1$が開き、自己保持を解きます。また電磁接触器MCが復帰すると、ブレーク接点MC-bが閉じ、緑ランプGN-L（停止表示）が点灯し、メーク接点$MC-m_2$が開いて、赤ランプRD-L（運転表示）が消灯する。

電動機の始動制御回路の応用例

電動送風機始動の動作図

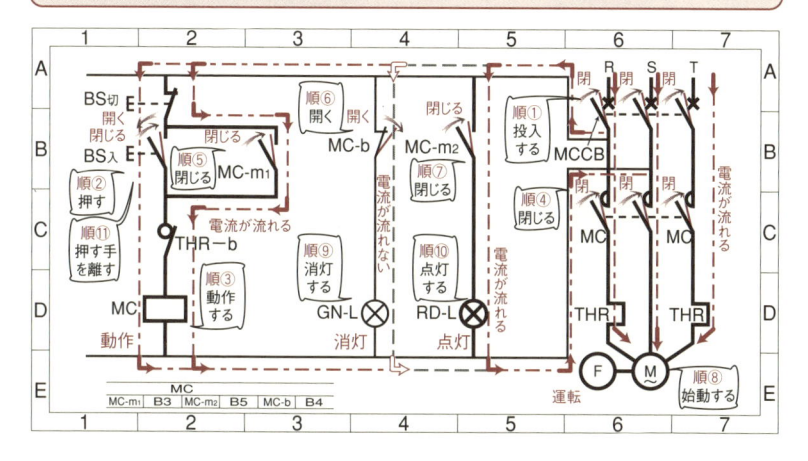

電動送風機停止の動作図

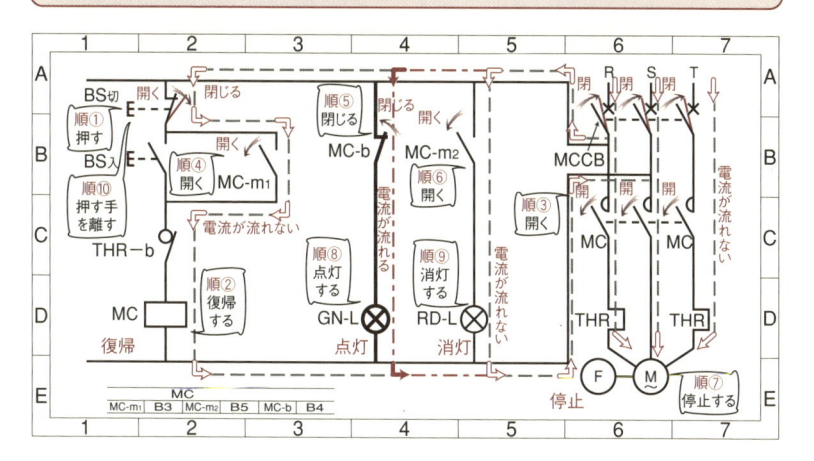

101 荷上げリフトの自動反転制御回路

荷上げリフトの上下運動は電動機の正逆転制御回路を用いる

- 工場、倉庫あるいは飲食店などで、1階と2階とで材料・部品あるいは料理を上げ下げするのに荷上げリフトを用いると便利です。
- このように上下、左右、前後に送り方向を変えるのに、動力源である電動機の回転方向を変え制御する方法が、多く用いられています。
- この電動機の回転方向を正方向から逆方向に切り替え制御する回路を**電動機の正逆転制御回路**といい、この回路を応用したのが、荷上げリフトの自動反転制御回路です。
- **荷上げリフトの自動反転制御回路**は、手動で始動ボタンを押すと、リフトのかごが上昇し、2階で自動停止します。一定時間停止し(積込み・取出し時間)すると自動始動して下降し、1階で自動停止します。

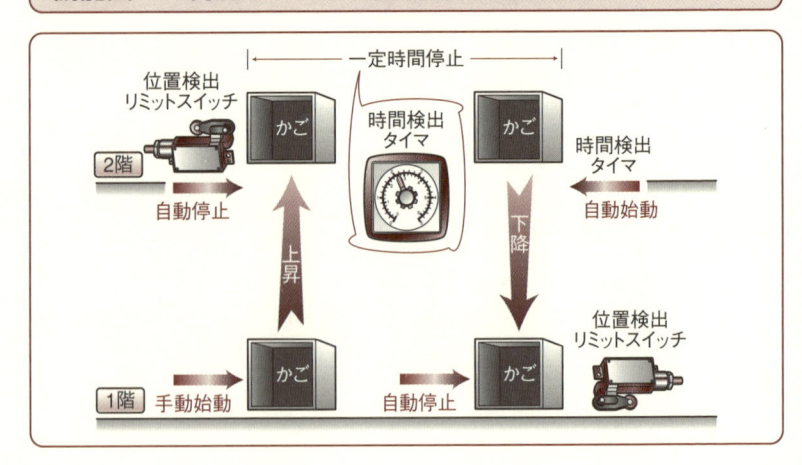

機能図 －荷上げリフトの自動反転制御回路－

荷上げリフトの自動反転制御回路の実体配線図

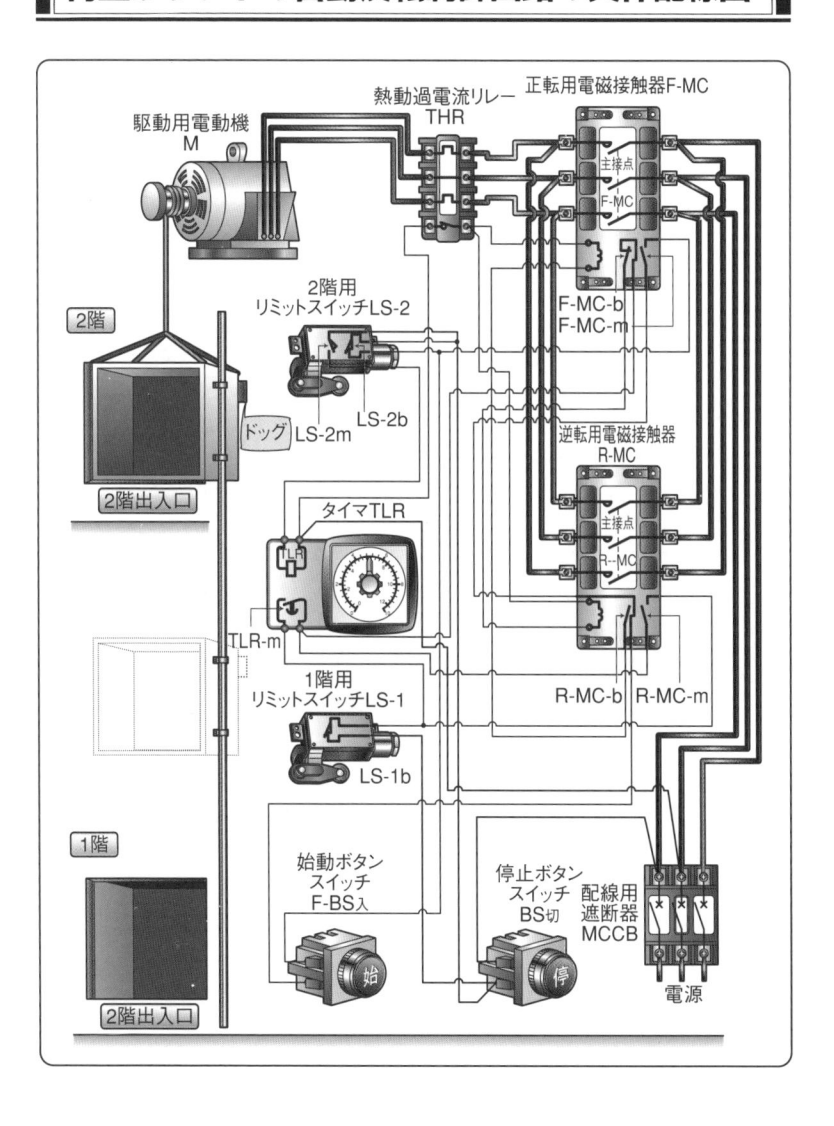

102 荷上げリフトの自動反転制御回路の上昇動作

始動信号を入れると上昇し2階で自動停止する

■始動ボタンスイッチ$BS_人$を押すと、駆動電動機Mが正方向に回転し、荷上げリフトは1階から2階に上昇し、2階で自動停止します。

順序①電源スイッチである配線用遮断器MCCBを投入する。
　　②始動ボタンスイッチF-$BS_人$を押すと閉じる。
　　③F-$BS_人$を押すと、正転用電磁接触器F-MCが動作する。
　　④F-MCが動作すると、主接点F-MCが閉じる。
　　⑤主接点F-MCが閉じると、駆動電動機Mが正方向に回転する。
　　⑥電動機Mの正方向回転により、荷上げリフトは2階に上昇する。
　　⑦F-MCが動作すると、F-MC-mが閉じ、自己保持する。
　　⑧F-MCが動作すると、F-MC-bが開き、インタロックする。
　　⑨始動ボタンスイッチF-$BS_人$を押す手を離す。

順序⑩荷上げリフトが2階に達すると、LS-2bが動作して開く。
　　⑪荷上げリフトが2階に達すると、LS-2mが動作して閉じる。
　　⑫LS-2mが閉じると、タイマTLRが付勢する。
　　⑬LS-2bが開くと、正転用電磁接触器F-MCが復帰する。
　　⑭F-MCが復帰すると、主接点F-MCが開く。
　　⑮主接点F-MCが開くと、駆動電動機Mが停止する。
　　⑯電動機Mが停止すると、荷上げリフトは2階で停止する。
　　⑰F-MCが復帰すると、F-MC-mが開き、自己保持を解く。
　　⑱F-MCが復帰すると、F-MC-bが閉じ、インタロックを解く。
　　　－荷上げリフトは、タイマTLRの設定時間（停止時間）が経過するまで、2階で停止している－

荷上げリフトの自動反転制御回路の上昇動作

電動機の正逆転制御回路の応用例

荷上げリフトの上昇・2階自動停止の動作図

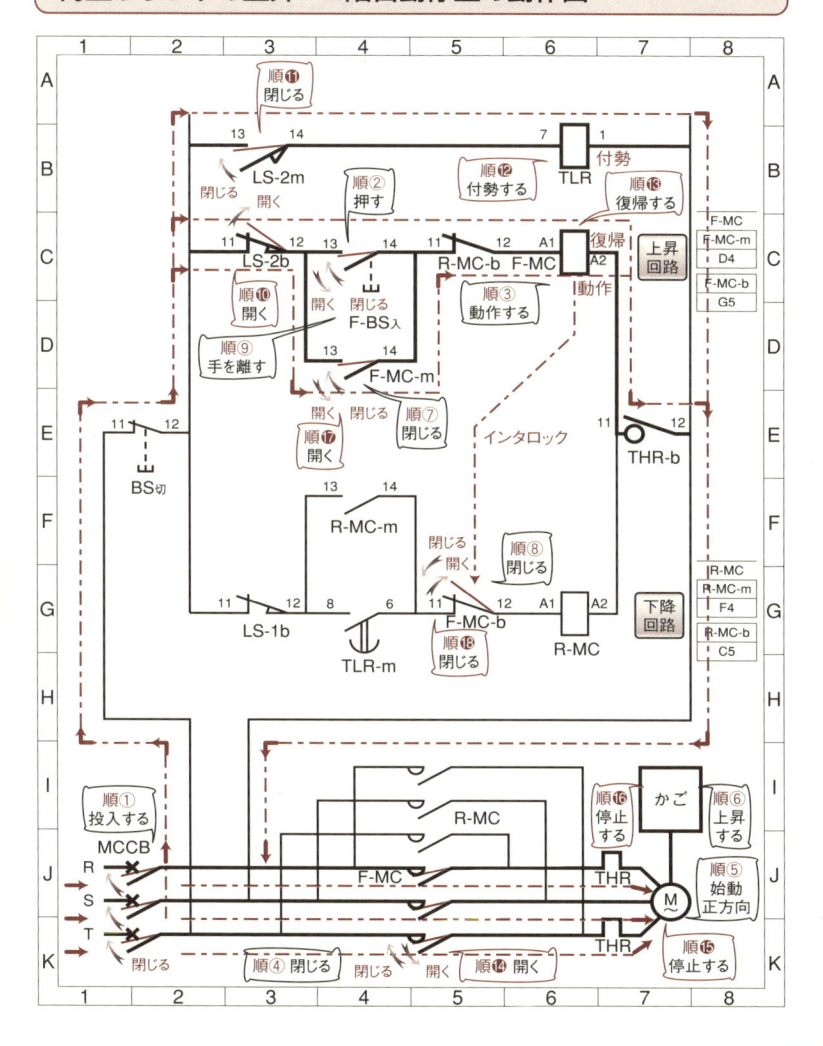

103 荷上げリフトの自動反転制御回路の下降動作

一定時間経過後に自動始動し1階で自動停止する

■タイマTLRの設定時間（停止時間）が経過すると、駆動電動機Mが自動的に逆転始動し、荷上げリフトは反転して、2階から1階に下降し、1階で自動停止します。

順序⑲タイマの設定時間が経過すると、TLR-mが閉じる。
　　　⑳TLR-mが閉じると、逆転用電磁接触器R-MCが動作する。
　　　㉑R-MCが動作すると、主接点R-MCが閉じる。
　　　㉒主接点R-MCが閉じると、駆動電動機Mが逆方向に回転する。
　　　㉓電動機Mの逆方向回転により荷上げリフトは1階に下降する。
　　　㉔R-MCが動作すると、R-MC-mが閉じ、自己保持する。
　　　㉕R-MCが動作すると、R-MC-bが開き、インタロックする。
　　　㉖かごが下降すると、リミットスイッチLS-2mが復帰し開く。
　　　㉗かごが下降すると、リミットスイッチLS-2bが復帰し閉じる。
　　　㉘LS-2mが開くと、タイマTLRが復帰する。
　　　㉙タイマが復帰すると、TLR-mが開く。
順序㉚荷上げリフトが1階に達すると、LS-1bが動作して開く。
　　　㉛LS-1bが開くと、逆転用電磁接触器R-MCが復帰する。
　　　㉜R-MCが復帰すると、主接点R-MCが開く。
　　　㉝主接点R-MCが開くと、駆動電動機Mが停止する。
　　　㉞電動機Mが停止すると、荷上げリフトは1階で停止する。
　　　㉟R-MCが復帰すると、R-MC-mが開き、自己保持を解く。
　　　㊱R-MCが復帰すると、R-MC-bが閉じ、インタロックを解く。
　　　　－これですべてもとの状態に戻る－

電動機の正逆転制御回路の応用例

荷上げリフトの下降・1階自動停止の動作図

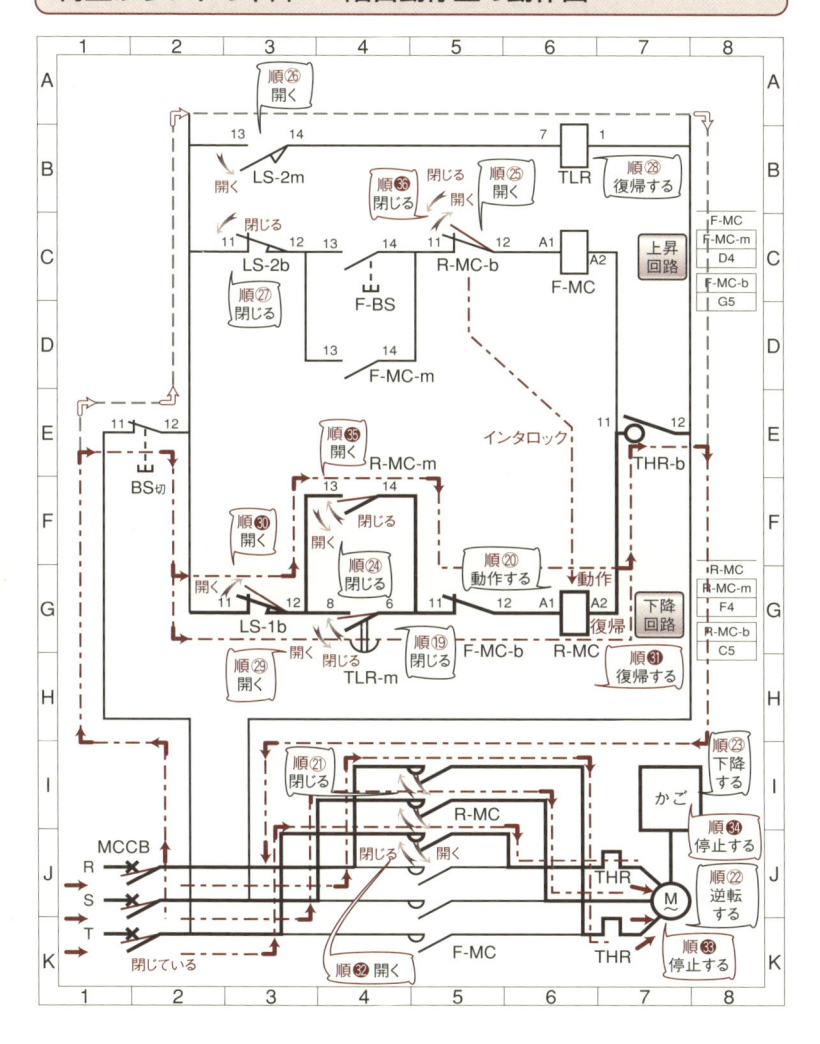

104 給水制御回路

水位を検出し自動的に給水する　－水位制御の応用例－

■ビル・工場などの衛生設備としての給水装置には、**高置タンク方式**がよく用いられています。

- 高置タンク方式とは、水道本管から水を一度、受水槽（給水源）へ貯水した後、ビル・工場内の最高位の水栓または器具に必要な圧力が得られる高さに設置した高置タンクへ電動ポンプで揚水し、高置タンクから重力により必要箇所へ給水する方式をいいます。
- **給水制御**は、高置タンクの水位が下限になると、電動ポンプが自動的に始動、運転し、給水源から水をくみ上げ、高置タンクの水位が上限に達すると、電動ポンプは自動的に運転を停止して、そのまま下限水位になるまで、水のくみ上げをやめます。

給水制御機能図　－水位制御－

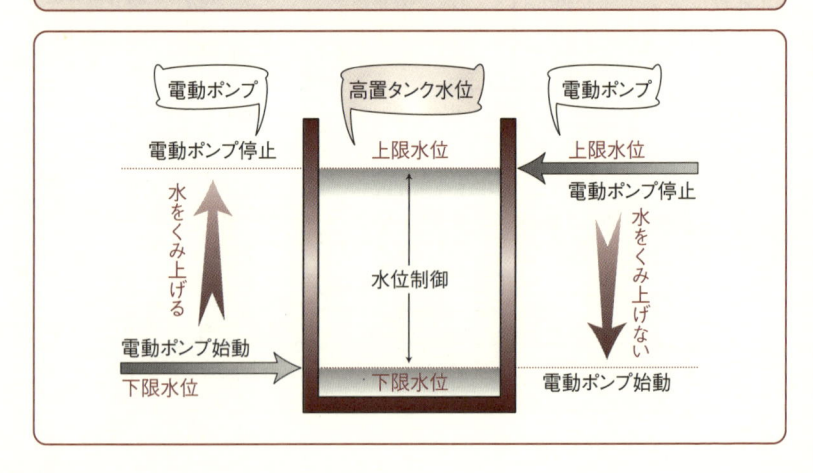

電動ポンプ
電動ポンプ停止
水をくみ上げる
電動ポンプ始動
下限水位

高置タンク水位
上限水位
水位制御
下限水位

電動ポンプ
上限水位
電動ポンプ停止
水をくみ上げない
電動ポンプ始動

給水制御回路の実体配線図

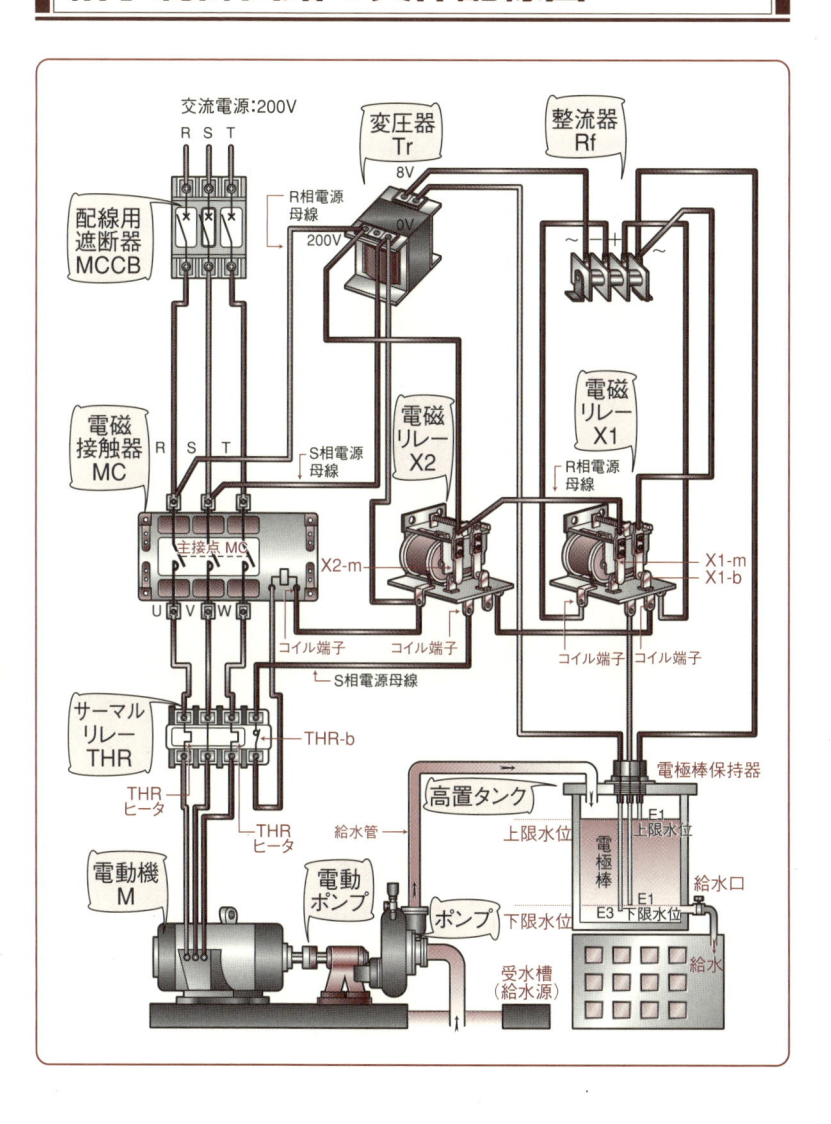

105 給水制御回路の下限水位の動作

下限水位で電動ポンプが運転し給水する

■高置タンクの水位が、電極棒式液面リレーの電極E2より下がり、下限水位になると、電動ポンプMPは始動し、給水を開始します。

順序①電源スイッチである配線用遮断器MCCBを投入する。

②高置タンクの水位が、電極棒式液面リレーの電極E2より下がると、電極E2とE3との間の導通がなくなり開く。

③電極E2とE3に導通がなくなると、整流器Rfの二次側の電磁リレーX1のコイルに電流が流れず、電磁リレーX1は復帰する。

④電磁リレーX1が復帰すると、メーク接点X1-mが開く。

⑤電磁リレーX1が復帰すると、ブレーク接点X1-bが閉じる。

⑥ブレーク接点X1-bが閉じると、電磁リレーX2が動作する。

⑦電磁リレーX2が動作すると、メーク接点X2-mが閉じる。

⑧メーク接点X2-mが閉じると、電磁接触器MCが動作する。

⑨電磁接触器MCが動作すると、主接点MCが閉じる。

⑩主接点MCが閉じると、電動機Mに電流が流れ、始動する。

⑪電動機Mが始動、運転すると、ポンプPは回転し、給水源から水をくみ上げ高置タンクに給水する。

＜水位の制御＞

■給水制御のように、高置タンクの水を使用しても、上限および下限の水位を検出して、自動的に高置タンクに給水し、常にある一定量の水を蓄えることができるようにする制御を**水位制御**といいます。

●水位の検出には、フロート（浮子）式液面スイッチとフロートレス式の電極棒式液面リレーなどがあります。

給水制御回路の下限水位の動作

水位制御の応用例

下限水位、電動ポンプ運転の動作図

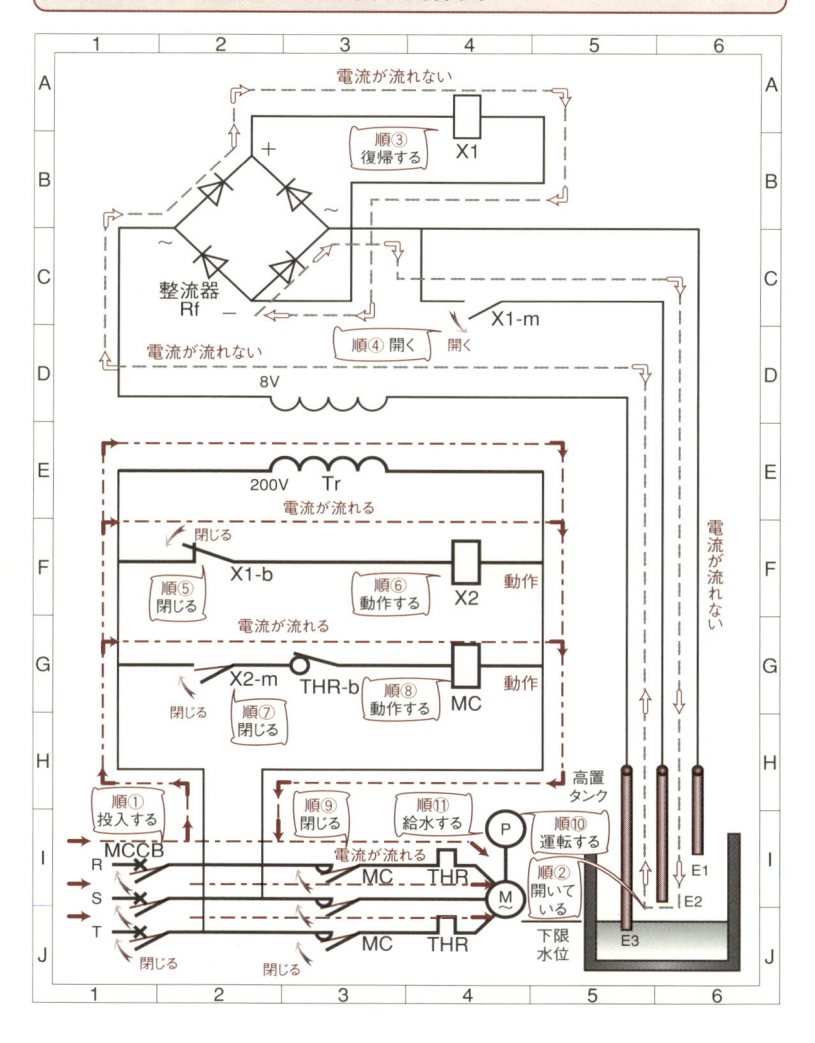

電流が流れない
順③ 復帰する X1
整流器 Rf
順④ 開く　開く　X1-m
電流が流れない
8V
200V　Tr
電流が流れる
閉じる　X1-b
順⑤ 閉じる　順⑥ 動作する　X2　動作
電流が流れる
X2-m　THR-b　順⑧ 動作する　MC　動作
閉じる　順⑦ 閉じる
電流が流れない
順① 投入する　順⑨ 閉じる　順⑪ 給水する　P　順⑩ 運転する
MCCB
R　MC　THR　電流が流れる
S　　　　　　　M　順② 開いている
T　MC　THR
閉じる　閉じる　下限水位
高置タンク
E1　E2　E3

211

106 給水制御回路の上限水位の動作

上限水位で電動ポンプは停止し給水をやめる

■高置タンクの水位が、電極棒式液面リレーの電極E1に達し、上限水位になると、電動ポンプMPは停止し、給水を止めます。

順序⑫ 高置タンクの水位が、電極棒式液面リレーの電極E1まで達すると、電極E1とE3の間が導通し閉じる。

⑬ 電極E1とE3が導通すると、整流器Rfの二次側の電磁リレーX1のコイルに電流が流れ、電磁リレーX1は動作する。

⑭ 電磁リレーX1が動作すると、メーク接点X1-mが閉じる。

⑮ 電磁リレーX1が動作すると、ブレーク接点X1-bが開く。

⑯ ブレーク接点X1-bが開くと、電磁リレーX2が復帰する。

⑰ 電磁リレーX2が復帰すると、メーク接点X2-mが開く。

⑱ メーク接点X2-mが開くと、電磁接触器MCが復帰する。

⑲ 電磁接触器MCが復帰すると、主接点MCが開く。

⑳ 主接点MCが開くと、電動機Mに電流が流れず、停止する。

㉑ 電動機Mが停止すると、ポンプPも止まり、給水源から高置タンクへの水のくみ上げを止める。

＜電極棒式液面リレーの原理＞　●水位の検出●

■電極棒式液面リレーは、水の中に電極棒を差し込み、水の導電性を使用したものです。

● 電極棒E1とE3の間に水があれば導通し"閉"、水がなければ導通なしで"開"です。

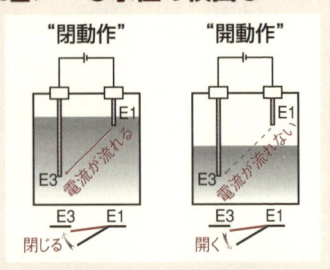

水位制御の応用例

上限水位、電動ポンプ停止の動作図

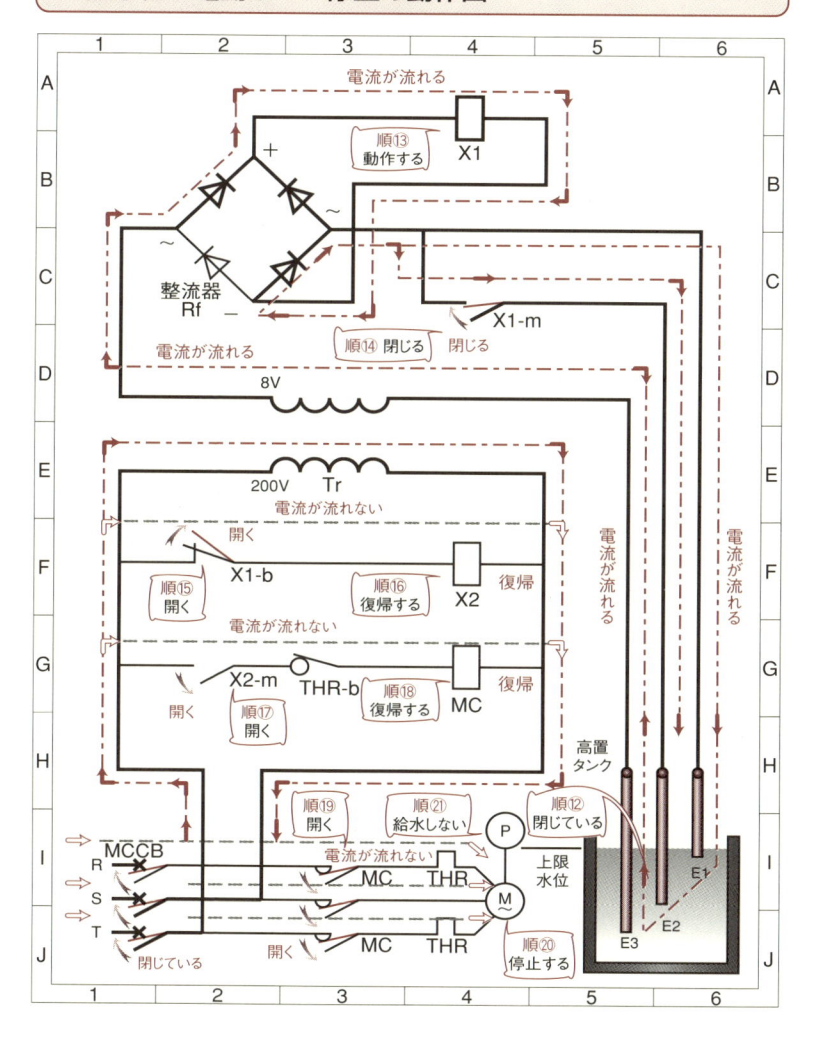

電流が流れる

順⑬ 動作する X1

整流器 Rf

X1-m

電流が流れる 順⑭ 閉じる 閉じる

8V

200V Tr

電流が流れない

開く X1-b 順⑮ 開く 順⑯ 復帰する X2 復帰

電流が流れない

X2-m THR-b 順⑱ 復帰する MC 復帰
開く 順⑰ 開く

電流が流れる 電流が流れる

高置タンク

順⑲ 開く 順㉑ 給水しない 順⑫ 閉じている
MCCB P 上限水位
R 電流が流れない
S MC THR M
T MC THR 順⑳ 停止する
閉じている 開く

E1 E2 E3

■索 引

数字・アルファベット

2位置接点	51
2値信号	112
3位置接点	51
AND回路	112
AND回路の動作	116
ANSI	112
ANSI Y 32.14	112
a接点	86
b接点	86
CdSセル	180
c接点	86
IC	14
JIS C 0617	50
NAND回路	112
NAND回路の動作	126
NOR回路	112
NOR回路の動作	130
NOT回路	92
n型半導体	46
npn型トランジスタ	46
OFF動作	88
OFF信号	84
ON信号	84
ON動作	88
OR回路	112
OR回路の動作	120
p型半導体	46
pnp型トランジスタ	46
T-接続	78
TLR	166

あ行

相手動作禁止回路	142
アクチュエータ	30
アルカリ蓄電池	42
アルカリ電池	76
アンペア	2
位置スイッチ機能	53
一致回路	150
一致回路の動作	152
一定時間動作回路	176,190
一定時間動作回路の動作	178
インタロック回路	142
インタロック回路の動作	144
渦電流損	42
運転	20
エミッタ	46
オームの法則	10
オキシ水酸化ニッケル	42
押し操作	54
押しボタンスイッチ	30,57
押しボタンスイッチの切換え接点回路	96
押しボタンスイッチの切換え接点の動作	94
押しボタンスイッチのブレーク接点回路	92
押しボタンスイッチのブレーク接点の動作	90
押しボタンスイッチのメーク接点回路	88
押しボタンスイッチのメーク接点の動作	86
温度スイッチ	36

か行

カーボン抵抗器	26
開閉接点の限定図記号	52

開閉接点の操作機構図記号	54
回路	6
開路	84
開路(切)	18
可性カリ水溶液	42
過電流遮断器	38
可動接点	38,40
可動鉄心	40
可動鉄片	38
カドミウム	42
紙コンデンサ	26
機器記号	62
基礎受動部品	24
気中遮断器	38
起電力	6,42
機能記号	62
逆方向電圧	46
給水制御回路	208
給水制御回路の下限水位の動作	210
給水制御回路の上限水位の動作	212
切換え接点	86
希硫酸	42
禁止回路	134
禁止回路の動作	136
近接スイッチ	34
近接操作	54
クーロン	2
区分参照方式	74
計器	59
警報	22
警報・表示機器	25
限時動作接点	51
限時動作ブレーク接点	166
限時動作メーク接点	166
検出ヘッド	34
検出用機器	25
検出用スイッチ	28
現象が起こる順序	12
限定図記号	52
コイル	56
光電スイッチ	32,182,194
交番磁束	42
交流制御電源母線	76
交流電源	76
固定鉄心	38,40
コレクタ	46
コンデンサ	26
コンデンサの充放電特性	32
コンデンサペーパ	26
コントロールユニット	34

さ行

サーマルリレー	36
サーミスタ	36
三相誘導電動機	48
シーケンス	12
シーケンス図	68
シーケンス図に記載する事項	68
シーケンス図の位置の表示方式	74
シーケンス図の書き方	70
シーケンス図の機器状態の表し方	80
シーケンス図の制御電源母線の表し方	76
シーケンス図の接続線の表し方	78
シーケンス図の縦書き・横書き	72
シーケンス図の様式	82
シーケンス制御	4,12
シーケンス制御記号	62,68
シーケンスダイヤグラム	68

シグナルランプ	44
自己保持回路	138, 194
自己保持回路の動作	140
始動	20
始動信号	88
始動制御回路	198
自動点滅器	180
遮断	21
遮断機能	52
重故障	44
集積回路	14
樹脂モールド製フレーム	40
手動操作	54
手動操作自動復帰接点	88
順序始動回路	154
順序始動回路の動作	156
順方向電圧	46
消磁	8, 38
消勢	19
信号の増幅	110
信号の反転	110
信号の分岐	110
信号の変換	110
侵入者警報回路	194
侵入者警報回路の動作	196
シンボル	50
水位制御	208, 210
スイッチ	28
スイッチング作用	46
スナップアクション	30
スパークキラー	26
スプリンクラ散水回路	190
スプリンクラ散水回路の動作	192
寸動	19
制御機器	6
制御機構	16
制御対象(負荷)	16, 25
制御電源	76
制御電源母線	76
制御目的	16
制動	20
積鉄心形	42
接点	86
接点機構部	30, 40
接点機能図記号	52
接点ばね	40
先行動作優先回路	142
操作	21
操作機構図記号	52
操作用機器	25
増幅作用	46

た行

ダイオード	14, 46
タイマ	32, 59, 166
タイマ回路	168
タイマ回路の動作	170
太陽電池	76
縦書きシーケンス図	72
端子記号	68
炭素皮膜抵抗器	26
タンブラスイッチ	28
遅延動作回路	172
遅延動作回路の動作	174
遅延動作機能	53
蓄電池	76
駐車場の空車・満車表示回路	182
駐車場の空車・満車表示回路の動作	184

調整	22
直流制御電源母線	76
直流電源	76
抵抗器	26,56
停止	20
停止信号	90
電圧	4
電位	4
展開接続図	68
電気回路	6
電気用図記号	50,68
電極棒式液面リレー	210
電極棒式液面リレーの原理	212
電源	6,16
電源側優先回路	158
電源側優先回路の動作	160
電源記号	68
電源用機器	24
電磁効果による操作	55
電子式タイマ	32,166
電磁石	8
電磁接触器	40,58
電磁操作自動復帰接点	102
電磁誘導作用	42
電磁力	98
電磁リレー	14,38,58
電磁リレーによるAND回路	114
電磁リレーによるOR回路	118
電磁リレーの切換え接点回路	108
電磁リレーの切換え接点の動作	106
電磁リレーの制御機能	110
電磁リレーの動作原理	98
電磁リレーのブレーク接点回路	104
電磁リレーのブレーク接点の動作	102
電磁リレーのメーク接点回路	100
電磁リレーのメーク接点の動作	98
電池	42,60,76
電動機	48,60
電動機の正逆転制御回路	202
電動送風機の始動制御回路	198
電動送風機の始動制御回路の動作	200
電流	2
電力用接点	51
動作	18,40
動作する	86
投入	21
動力操作	21
トグルスイッチ	28
トランジスタ	14,46

な行

ナイフスイッチ	57
鉛蓄電池	42,76
荷上げリフトの自動反転制御回路	202
荷上げリフトの自動反転制御回路の下降動作	206
荷上げリフトの自動反転制御回路の上昇動作	204
二ヶ所から操作する回路	162
二ヶ所から操作する回路の動作	164
二酸化鉛	42
二値信号	84
ニッケル・カドミウム蓄電池	76
日本工業規格	50
熱継電器による操作	55
熱電対	36
熱動過電流リレー	36
燃料電池	76
能動素子	46
ノーヒューズブレーカ	38

は行

配線	6,16
配線用遮断器	38,58
排他的OR回路	146
排他的OR回路の動作	148
バイメタル	36,180
パイロットランプ	44
測温体	36
白金	36
発光ダイオード	46
早押しクイズランプ表示回路	186
早押しクイズランプ表示回路の動作	188
反一致回路	146
半導体スイッチング素子	14
非自動復帰機能	53
非常操作	55
微速	19
ヒューズ	61
表示灯	44
ピンプランジャ	30
負荷	6
負荷開閉機能	52
ブザー	44,61
付勢	19
復帰	18,40
復帰状態	90
復帰する	86
復帰ばね	38
ブレーク接点	40,86
フロート式液面スイッチ	210
米国規格協会	112
閉路	84
閉路(入)	18
ベース	46
ベル	44,61
変圧器	42,60
変換	22
保護	22
ボタン機構部	30
ボルト	4

ま行

マイクロスイッチ	30,34
巻鉄心形	42
マンガン電池	76
右ねじの法則	8
無接点シーケンス制御	14
命令用機器	24
命令用スイッチ	28
メーク接点	40,86
モータ	48
モータ式タイマ	32,166
文字表現-数字表現	74
門灯の自動点滅回路	180

や行

誘電体	26
横書きシーケンス図	72

ら行

ランプ	61
リチウム電池	76
リミットスイッチ	34,57
硫化カドミウム板	180
リレーシーケンス制御	14
励磁	8,38
ロジックシーケンス制御	14
論理回路	14,112

論理記号の書き方 132	論理否定回路............................92, 122
論理積回路......................................114	論理和回路......................................118
論理積否定回路..............................124	論理和否定回路..............................128
論理素子 14	

<著者略歴>

大浜　庄司（おおはま　しょうじ）
　1957年　東京電機大学工学部電気工学科卒業
　1992年　日本電気精器株式会社　理事・信頼性品質管理部長
　1993年　オーエス総合技術研究所・所長
　現在に至る

●主な著書

『絵とき　シーケンス制御読本（入門編）』『絵とき　シーケンス制御読本（実用編）』『絵とき　シーケンス制御読本（ディジタル回路編）』『図解　シーケンス図を学ぶ人のために』『絵とき　シーケンス制御回路の基礎と実務』『初めて学ぶシーケンス制御入門』『初めて学ぶ　自家用電気技術者の実務と制御』『絵とき　自家用電気技術者実務百科早わかり』『絵とき　自家用電気設備メンテナンス読本（共著）』『絵で学ぶ　ビルメンテナンス入門』『電気管理技術者の絵とき実務入門（共著）』（以上オーム社）など多数

本文イラスト◆中西　隆浩

- **本書の内容に関する質問**は，オーム社出版部「（書名を明記）」係宛，書状またはFAX（03-3293-2824）にてお願いします．お受けできる質問は本書で紹介した内容に限らせていただきます．なお，電話での質問にはお答えできませんので，あらかじめご了承下さい．
- 万一，落丁・乱丁の場合は，送料当社負担でお取替えいたします．当社販売管理課宛お送りください．
- **本書の一部の複写複製を希望される場合**は，本書扉裏を参照してください．
  JCOPY ＜（社）出版者著作権管理機構　委託出版物＞

なるほどナットク！
シーケンス制御がわかる本

平成16年7月20日　　第1版第1刷発行
平成23年2月10日　　第1版第13刷発行

著　者　大浜庄司
発行者　竹生修己
発行所　株式会社　オーム社
　　　　郵便番号　101-8460
　　　　東京都千代田区神田錦町3-1
　　　　電　話　03（3233）0641（代表）
　　　　URL http://www.ohmsha.co.jp/

©大浜庄司　*2004*

組版　カリモ舎　　印刷　三美印刷　　製本　関川製本所
ISBN 4-274-03627-8　　Printed in Japan

なるほどナットク！シリーズ　電気・電子分野

なるほどナットク！
デジタルがわかる本
吉本久泰 著

音楽業界ではLPレコードが復権の兆しを見せるなど,アナログも「ええもんやー」とおっしゃる方も多々おられると思いますが,デジタルはそれ以上にいいんです.デジタルに囲まれた生活から手始めに,その特徴と優位性を際だたせて見せます?!

なるほどナットク！
デジタル放送がわかる本
吉野武彦 監修
久保田啓一・福井一夫・今西正徳 共著

いよいよスタートしたBSデジタルハイビジョン放送.地上波デジタルの話題も満載に,デジタル放送とは何か,デジタル放送の機能と楽しみ方をお教えします.

なるほどナットク！
モーターがわかる本
内田隆裕 著

家電製品などに組み込まれ,日常的に使っているモーターですが,なぜ回るのか？ 一体全体,モーターを使うメリットは何なのか？ 等々,疑問のお持ちの方も多いはず,本書でその疑問を払拭して下さい.いざ,モーターの世界へ！

なるほどナットク！
電気がわかる本
松原洋平 著

電気は目に見えず,触れることのできない(感電は別?!)ある種不思議なものですが,私たちの生活に欠くことはできません.その不思議な電気について,基本的な部分から応用分野にまでやさしく解説します.

なるほどナットク！
燃料電池がわかる本
燃料電池開発情報センター 監修
石井弘毅 著

次世代自動車の動力源として研究開発が進むほか,分散型電力エネルギーとしても期待が高まる燃料電池.省エネ効果も高く,環境にもやさしいなど評判高い新エネルギーのトップランナーは快走できるか！

なるほどナットク！
電子回路がわかる本
飯高成男 監修
宇田川弘 著

電子回路は抵抗やコンデンサ,ダイオード,ICなどのいわゆる電子素子から構成され,これらを組み合わせることで,さまざまな機能を実現しています.パソコン,携帯電話,ゲーム機など多くの電子機器に組み込まれる電子回路のしくみを,楽しい電子工作などの話を絡めてやさしく解説します.

なるほどナットク！
電気回路がわかる本
飯田芳一 著

オームの法則から電磁気学まで,道具（法則）を駆使して難問（回路）解決！これであなたも電気回路の名探偵になれる!?

なるほどナットク！
センサがわかる本
都甲 潔・宮城幸一郎 共著

光に温度,速度にバイオ,匂いに味覚……,センサの種類はさまざまあり,人の五感を凌駕するセンサさえ登場しています.その働きとしくみはどうなっているのでしょう？味わいながら1冊どうぞ！

なるほどナットク！
電池がわかる本
内田隆裕 著

機器の小型化は動力源としての電池の需要を生み出し,その市場は拡大しています.しかし,あまりにも多くの電池があふれ出し,使う側に混乱を来しているのではないでしょうか？ 本書で電池の正しい知識と使用法をご提示します.

なるほどナットク！
電波がわかる本
後藤尚久 著

電子レンジから携帯電話や地上波デジタル放送など通信分野でも大活躍の電波.本書はわかりにくいものの代表格,"電波"を知るうえで,必要不可欠な電磁気学の基礎から話題のCDMA,OFDMなどの通信方法に至るまでやさしく解説しています.

もっと詳しい情報をお届けできます.
○書店に商品がない場合または直接ご注文の場合は右記宛にご連絡ください.

ホームページ　http://www.ohmsha.co.jp/
TEL/FAX　TEL.03-3233-0643　FAX.03-3233-3440

なるほどナットク！
電気回路がわかる本
飯田 芳一 著

電気回路は小説より奇なり!?
味わい深い電気回路の秘密に迫る！

F-0403-20